全国现代学徒制专家指导委员会指导

工业机器人现场操作与编程案例教程（FANUC）

主　编　左　湘　李志谦　熊哲立

副主编　陈　静　梁卡仔　何国全

编　委　（按姓氏拼音排序）

蔡基峰（广州市轻工职业技术学校）

陈　静（吉林电子信息职业技术学院）

冯小童（佛山华数机器人有限公司）

葛建利（佛山市华材职业技术学校）

何国全（佛山市高明区高级技工学校）

侯文峰（广州市番禺职业技术学院）

黄立新（上海中侨职业技术学院）

李志谦（佛山市高明区高级技工学校）

梁卡仔（佛山市高明区高级技工学校）

林　松（广州市广数职业培训学院）

林　谊（上海FANUC机器人有限公司）

刘荣富（佛山市佛大华康科技有限公司）

欧惠玲（佛山市高明区高级技工学校）

孙守勇（咸阳职业技术学院）

王浩羽（佛山华数机器人有限公司）

吴盛春（广州超控自动化设备科技有限公司）

熊寅丞（佛山市诺尔贝机器人技术有限公司）

熊哲立（广东泰格威机器人科技有限公司）

许志才（广州数控设备有限公司）

杨　冲（佛山华数机器人有限公司）

杨景卫（佛山科学技术学院）

杨　伟（佛山职业技术学院）

叶光显（广东三向教学仪器有限公司）

苑振国（广东轻工职业技术学院）

曾庆超（广东华德涞机器人智能科技有限公司）

张立炎（清远工贸职业技术学校）

朱加焰（广东泰格威机器人科技有限公司）

朱秀丽（北京华航唯实机器人科技股份有限公司）

左　湘（佛山市华材职业技术学校）

復旦大學出版社

内容提要

本书以工作过程为导向，选取企业真实案例，以典型工作任务为内容，结合机器人"1+X"证书考证大纲知识点进行编写，是"双元"育人的职业教育改革成果。包含了 FANUC 机器人编程指令应用、程序思维建立、系统设置、变量使用、I/O 接线、外围器件选配等知识，围绕切割、搬运、装配、喷涂、码垛的行业应用展开，针对操作性强的技术点制作了可以免费观看的二维码微课。

本书内容由浅入深，坚持立德树人的根本要求，遵循职业教育人才培养规律，落实课程思政要求，有机融入工匠精神，紧密联系工作实际，突出应用性和实践性，注重职业能力和可持续发展能力的培养，结合中高本衔接培养需要，符合从业人员职业能力养成规律、岗位技能的习得规律，可作为机电、电气、机器人、智能制造、自动化类专业人员学习机器人编程的教材，也可以作为机器人考证的实训指导书。

本套系列教材配有相关的课件、习题等，欢迎教师完整填写学校信息来函免费获取。

邮件地址：xdxtzfudan@163.com

序言 PREFACE

　　党的十九大要求完善职业教育和培训体系，深化产教融合、校企合作。自 2019 年 1 月以来，党中央、国务院先后出台了《国家职业教育改革实施方案》(简称"职教 20 条")、《中国教育现代化 2035》《关于加快推进教育现代化实施方案(2018—2022 年)》等引领职业教育发展的纲领性文件，为职业教育的发展指明道路和方向，标志着职业教育进入新的发展阶段。职业教育作为一种教育类型，与普通教育具有同等重要地位，基于产教深度融合、校企合作人才培养模式下的教师、教材、教法"三教"改革，是进一步推动职业教育发展，全面提升人才培养质量的基础。

　　随着智能制造技术的快速发展，大数据、云计算、物联网的应用越来越广泛，原来的知识体系需要变革。如何实现职业教育教材内容和形式的创新，以适应职业教育转型升级的需要，是一个值得研究的重要问题。国家职业教育教材"十三五"规划提出遵循"创新、协调、绿色、共享、开放"的发展理念，全面提升教材质量，实现教学资源的供给侧改革。"职教 20 条"提出校企双元开发国家规划教材，倡导使用新型活页式、工作手册式教材并配套开发信息化资源。

　　为了适应职业教育改革发展的需要，全国现代学徒制工作专家指导委员会积极推动现代学徒制模式下之教材改革。2019 年，复旦大学出版社率先出版了"全国现代学徒制医学美容专业'十三五'规划教材系列"，并经过几个学期的教学实践，获得教师和学生们的一致好评。在积累了一定的经验后，结合国家对职业教育教材的最新要求，又不断创新完善，继续开发出不同专业(如工业机器人、电子商务等专业)的校企合作双元育人活页式教材，充分利用网络技术手段，将纸质教材与信息化教学资源紧密结合，并配套开发信息化资源、案例和教学项目，建立动态化、立体化的教材和教学资源体系，使专业教材能够跟随信息技术发展和产业升级情况，及时调整更新。

校企合作编写教材，坚持立德树人为根本任务，以校企双元育人，基于工作的学习为基本思路，培养德技双馨、知行合一，具有工匠精神的技术技能人才为目标。将课程思政的教育理念与岗位职业道德规范要求相结合，专业工作岗位（群）的岗位标准与国家职业标准相结合，发挥校企"双元"合作优势，将真实工作任务的关键技能点及工匠精神，以"工程经验""易错点"等形式在教材中再现。

校企合作开发的教材与传统教材相比，具有以下三个特征。

1. 对接标准。基于课程标准合作编写和开发符合生产实际和行业最新趋势的教材，而这些课程标准有机对接了岗位标准。岗位标准是基于专业岗位群的职业能力分析，从专业能力和职业素养两个维度，分析岗位能力应具备的知识、素质、技能、态度及方法，形成的职业能力点，从而构成专业的岗位标准。再将工作领域的岗位标准与教育标准融合，转化为教材编写使用的课程标准，教材内容结构突破了传统教材的篇章结构，突出了学生能力培养。

2. 任务驱动。教材以专业（群）主要岗位的工作过程为主线，以典型工作任务驱动知识和技能的学习，让学生在"做中学"，在"会做"的同时，用心领悟"为什么做"，应具备"哪些职业素养"，教材结构和内容符合技术技能人才培养的基本要求，也体现了基于工作的学习。

3. 多元受众。不断改革创新，促进岗位成才。教材由企业有丰富实践经验的技术专家和职业院校具备双师素质、教学经验丰富的一线专业教师共同编写。教材内容体现理论知识与实际应用相结合，衔接各专业"1＋X"证书内容，引入职业资格技能等级考核标准、岗位评价标准及综合职业能力评价标准，形成立体多元的教学评价标准。既能满足学历教育需求，也能满足职业培训需求。教材可供职业院校教师教学、行业企业员工培训、岗位技能认证培训等多元使用。

校企双元育人系列教材的开发对于当前职业教育"三教"改革具有重要意义。它不仅是校企双元育人人才培养模式改革成果的重要形式之一，更是对职业教育现实需求的重要回应。作为校企双元育人探索所形成的这些教材，其开发路径与方法能为相关专业提供借鉴，起到抛砖引玉的作用。

全国现代学徒制工作专家指导委员会主任委员

广东建设职业技术学院校长

博士，教授

2020 年 7 月

前言 PREFACE

　　随着智能制造的不断推进,工业机器人销量进入爆发式增长,佛山领衔打造的"珠江西岸先进装备制造产业带"正引领着以机器人换人为显著特征的智能制造产业转型升级。预计 2025 年智能制造与机器人专业人才需求量将达到 100 万,用于工业机器人操作维护、系统安装调试、系统集成。

　　工业机器人现场操作与编程课程是职业院校机器人技术应用专业的专业核心课程。课程内容涵盖的知识和能力要求是从事工业机器人现场操作、程序设计、自动化系统集成工作领域必须掌握的核心岗位能力要求。校企双元协同培育职业院校学生的职业能力和可持续发展能力是高质量完成课程目标的保障。

　　佛山市作为职教改革的标兵,抢抓发展先机,积极推动产教融合、1+X 证书试点、三教改革等政策的落地。在产教融合方面,创造性建设了混合所有制办学的"产业培训中心"新实体,突破了产教深度融合的行业壁垒,形成了可复制推广的"基于产业培训中心"的现代学徒人才培养模式(佛山模式)。为固化研究和实践成果,在全国现代学徒制工作专家指导委员会和广东省职业教育教学研究院的支持、指导下,由广东省双师型"左湘"名师工作室和广东省机器人协会、佛山市工业机器人专业建设指导委员会牵头,联合全国 50 多所相关院校和企业参与,共同开发了校企双元育人的工业机器人技术应用专业规划教材。与传统的学科体系的教材相比,具有以下 3 个特征。

　　1. 课岗标准融通。本教材依据职业院校工业机器人技术应用专业机器人操作与编程课程标准,国家 1+X 工业机器人应用编程(初级)、工业机器人操作运维(中级)职业技能鉴定标准编写。将 1+X 证书要求的 6 个工作领域,16 个典型工作任务,60 个技能点有机融入 8 个教学项目中,实现了课堂教学和职业岗位技能要求的有机融合。教材内容糅和了工业机器人操作与编程的理论知识和行业发展的新技术、新工艺、新规范和新要求,不但适用于 1+X 证书考证培训,还可供职业院校开展教学和行业企业多方技能培训使用。

2. 工作过程导向。本教材以工业机器人现场操作技术员岗位的工作过程为主线,以典型工作任务作为载体,将岗位需要的操作技能和专业知识加以重组,以工作过程导向的任务为引领,在"学做"的过程中,理解"为什么做",懂得"该怎么做""如何做得更好"。每个任务按行动导向开展,读者可以从"任务描述"环节入手,通过"任务分析"获取资讯、制定工作步骤、决策实施的方法;依据决策计划,有目的地梳理专业知识和技术点,做好"任务准备";在决策步骤的指导下开展"任务实施";对照"任务评价",检验技能与知识的掌握情况,检验是否达到 1+X 职业技能考证标准。

3. 校企双师协同。本教材由校企双师协同开发,教材中的所有案例均源于企业的真实案例,其中的"工程经验""实施技巧"是优秀工业机器人现场操作工程师长期工作经验和技能的凝练,"易错点""关键点"是从事工业机器人应用技术一线操作 10 年以上的能工巧匠对工作执着、对产品负责的态度、极度注重细节的工匠精神再现。资深的工业机器人专任教师通过大量的企业实践和调研,提取典型工作任务,利用规范的工程算法逻辑和形象的控制流程图,将企业师傅手口相传的经验固定下来,结合"四新"要求帮助读者逐步养成清晰的程序思维习惯、严谨的工程逻辑和精益求精的工匠精神追求。

本书项目一由左湘编写,项目二、五由李志谦编写,项目三、四、六分别由欧惠玲、何国全、梁卡仔与李志谦一起完成;全书由李志谦统稿,左湘审稿。广东泰格威机器人科技有限公司熊哲立总监和邓敬忠工程师、上海 FANUC 机器人有限公司林谊提供项目案例和应用视频。

尽管编者尽了最大的努力去整理和核对,但由于水平有限,书中难免有疏漏和错误之处,恳请广大读者批评指正。

编 者

2020 年 7 月

目 录 CONTENTS

项目一

工业机器人应用须知

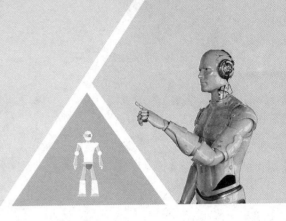

项目情景

我国的工业机器人市场约占全球市场份额的 1/3，是全球第一大工业机器人应用市场。华兴机器人有限公司是以机器人应用技术为专攻方向的高新技术企业。自 2003 年成立以来，在国家的大力扶持下，主营业务已经涉及机器人核心零部件，机器人整机，机器人自动化生产线的研发、制造、销售、服务。

为推广最新研发产品、展示企业的技术服务能力、培养新人、拓展业务范围，华兴机器人有限公司定期组织专业团队参加各地的智能装备展。凡作为该公司的学徒将随专业团队导师完成参展工作。师傅将在布展准备、展览接待、论坛服务、现场操作等方面对你提出具体的要求。

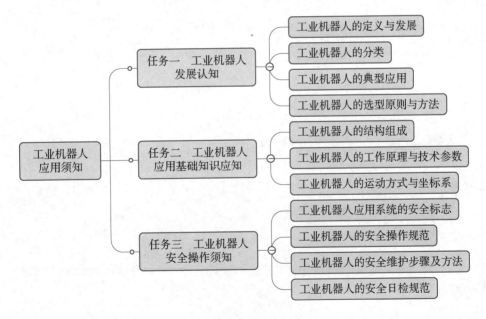

工业机器人发展史

▶ 任务一　工业机器人发展认知

 学习目标

1. 了解工业机器人的定义、概念及发展历史。
2. 会区分工业机器人的种类。
3. 能依据应用场景选择合适的机器人型号及品牌。
4. 能向参加展会的普通观众概述工业机器人技术的应用。

 任务描述

从 20 世纪 90 年代初期起,我国人口红利的逐渐消失、经济结构的转型升级以及劳动力短缺造成的制造成本的上升,触发了国内制造业自动化市场的蓬勃发展,给机器人产业带来了重大的发展机遇。

专业展会是企业产品推广、业界交流、企业宣传的重要平台。作为公司展会现场工作人员,你必须全面了解工业机器人的定义及发展未来,能准确描述机器人的常见品牌和行业中的典型应用。能根据实际客户需求选择合适的机器人类型及型号,这是从事机器人相关行业人才必需的基本的专业素养。

 任务分析

一、工业机器人的定义

工业机器人是机器人家族中的重要一员,也是目前在技术上发展最成熟、应用最多的一类机器人。现在,世界各国对工业机器人的定义不尽相同。国际标准化组织(ISO)对工业机器人的定义为:"是一种能自动控制、可重复编程,多功能、多自由度的操作机,能搬运材料、工件或操持工具来完成各种作业"。目前,国际上大多采用 ISO 的定义。

1979 年,美国机械人协会将工业机器人(机械人)定义为:一个可用程式控制的多功能的操作器,它通过程式控制和多变化的动作设计来移动材料、工件、工具或特别设备,以完成一连串的工作。

1986 年,我国对机械工业机器人定义为:工业机器人是一种能自动定位、可重复编程、多功能、多自由度的操作机。

二、工业机器人的概念与发展

工业机器人(industrial robot)简称为 IR,其中"robot"一词源出自捷克语"robota",意谓

"强迫劳动"。工业机器人是机器人的一种,是面向工业领域的多关节机械手或多自由度的机器装置。它能自动执行工作,是靠自身动力和控制能力来实现各种功能的一种机器。它既可以接受人的指挥,又可以运行预先编排的程序,还可以根据由人工智能技术所制定的原则纲领行动。它的任务是协助或取代人类的工作。

国际上第一台工业机器人产品诞生于 20 世纪 60 年代,其作业能力仅限于上、下料这类简单的工作,此后机器人进入了一个缓慢的发展期。直到 20 世纪 80 年代,机器人产业才得到了巨大的发展,成为机器人发展的里程碑,1980 年被称为"机器人元年"。为满足汽车行业蓬勃发展的需要,这个时期开发出了点焊机器人、弧焊机器人、喷涂机器人以及搬运机器人这四大类型的工业机器人,其系列产品已经成熟并形成产业化规模,有力地推动了制造业的发展。为了进一步提高产品质量和市场竞争力,装配机器人及柔性装配线又相继开发成功。

进入 20 世纪 80 年代以后,装配机器人和柔性装配技术得到了广泛的应用,并进入一个大发展时期。现在,工业机器人已发展成为一个庞大的家族,并与数控(CN)、可编程控制器(PLC)一起成为工业自动化的三大技术,应用于制造业的各个领域之中。

三、工业机器人的分类

对于工业机器人的分类,国际上没有统一的标准,通常按照工业机器人的驱动方式、应用领域、自由度数量、控制方式、操作机机械结构等分类。这里依据几个有代表性的分类方法列举机器人的种类。

(一)按驱动方式分类

按驱动方式分类,见表 1.1.1。

表 1.1.1   工业机器人按照驱动方式的分类与特点

驱动方式	结构组成	优 缺 点
液压式	由液动机、伺服阀、油泵、油箱等组成	优点:抓举能力强、结构紧凑、动作平稳、耐冲击振动 不足:对环境及制造精度及密封性要求高,存在漏油污染环境现象
气压式	由气缸、气阀、气罐和空压机组成	优点:气源方便、动作迅速、结构简单、造价较低、维修方便 不足:难进行速度控制、抓举能力较低
电动式	由控制电机、减速机构、螺旋行动和多杆式机构等组成	优点:电源方便、响应快、驱动力较大、控制更灵活 不足:控制精度依赖减速机构、信号检测处理方法和机构的优化

(二)按用途分类

按照工业机器人的具体工作用途,可分为搬运机器人、喷涂机器人、焊接机器人、装配机器人、专门用途的机器人(医用护理机器人、航天用机器人、探海用机器人以及排险作业机器人)等。

(三)按自由度数量分类

操作机本身的轴数(自由度数)最能反映机器人的工作能力,也是分类的重要依据。按轴数,机器人可分为四轴(自由度)、五轴(自由度)、六轴(自由度)、七轴(自由度)等机器人,如图 1.1.1 所示。

| (a) 四轴机械臂 SCARA | (b) 七轴协作机器人 | (c) 六轴并联机器人 | (d) 六轴串联机器人 |

▲ 图 1.1.1　工业机器人按自由度数量分类

（四）按控制方式分类

工业机器人的控制方式主要有 4 种，分别是点位控制（PTP）、连续轨迹控制（CP）、力矩控制、智能控制。

（五）按操作机的位置机构形式分类

机器人操作机的位置机构型式是机器人重要的外形特征，据此，机器人可分为直角坐标型、圆柱坐标型、极（球）坐标型、多关节型机器人（或拟人机器人），如图 1.1.2 所示。

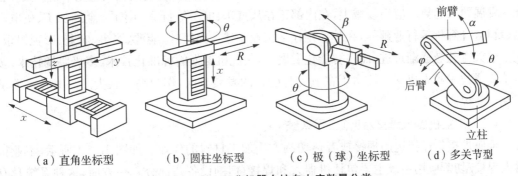

| （a）直角坐标型 | （b）圆柱坐标型 | （c）极（球）坐标型 | （d）多关节型 |

▲ 图 1.1.2　工业机器人按自由度数量分类

四、典型工业机器人应用系统

（一）工业机器人搬运应用系统

工业机器人搬运系统是以工业机器人为核心部件开展自动化搬运作业的自动化操作系统，被广泛应用于机床上下料、冲压机自动化生产线、自动装配流水线、码垛、集装箱等的自动搬运领域，如图 1.1.3 所示。用于搬运作业的机器人称为搬运机器人。搬运机器人能通过安装不同的末端执行器，来完成各种不同形状和状态的工件搬运工作，大大减轻了人类繁重的体力劳动。最早的搬运机器人出现在 1960 年的美国，Versatran 和 Unimate 两种机器人首次用于搬运作业。部分发达国家已制定出人工搬运的最大限度，超过限度的必须由搬运机器人来完成。

▲ 图 1.1.3　工业机器人搬运应用系统

（二）工业机器人装配应用系统

　　工业机器人装配应用系统是以柔性自动化装配机器人为核心设备,由机器人操作机、控制器、末端执行器和传感系统组成,主要用于各种电器制造(包括家用电器,如电视机、洗衣机、电冰箱、吸尘器),以及小型电机、汽车及其部件、计算机、玩具、机电产品及其组件的装配等方面。

　　装配作业对环境、效率、自适应的要求较高,同时还需要具有精度高、柔顺性好、工作范围小、能与其他系统配套使用等特点。因此,装配机器人的发展正呈现出应用领域不断扩大和智能化发展两大趋势。应用领域上,在内部正在从汽车、电子等行业向家电、金属加工、机电产品、玩具、计算机等行业延伸,在外部正在从工业制造业向医疗、能源、军事、农业、影视娱乐、航空航天等领域逐渐迈进;而在智能化发展上,装配机器人的标准化技术、多机协调技术、多传感集成技术和人机交互技术正在成为智能化的发展方向,作为高、精、尖产品其技术要求正在不断提高。

（三）工业机器人焊接/切割应用系统

　　金属焊接作业指运用焊接或者热切割方法加工材料的作业。如图 1.1.4 所示,工业机器人焊接/切割应用系统主要包括机器人和焊接/切割设备两部分。一方面,这种系统具有

▲ 图 1.1.4　工业机器人焊接/切割应用系统

工业机器人的特点,能自由、灵活地实现各种复杂三维曲线的加工轨迹;另一方面,可以引入激光、等离子等新的工艺提高焊接/切割质量和精度。由于可以在危险、恶劣的环境中工作,成本低、生产效率高、灵活性好,并且能够达到超出人类的准确性和再现性,因此工业机器人焊接应用最广泛。

（四）工业机器人喷涂应用系统

工业机器人喷涂应用系统是以喷涂机器人(spray painting robot)为核心设备,附带自动喷漆或其他涂料喷涂系统的工业机器人应用系统,如图 1.1.5 所示。该系统最早由挪威Trallfa 公司(后并入 ABB 集团)发明。喷漆机器人主要由机器人本体、计算机和相应的控制系统组成,由液压或者气压驱动。工业机器人喷涂系统因其柔性大、喷涂质量高、材料利用率高、动作速度快、防爆性能好、易于操作和维护、可离线编程等优点,广泛用于汽车、仪表、电器、陶瓷等工艺生产部门。较先进的喷漆机器人采用柔性手腕,既可向各个方向弯曲,又可转动,其动作类似人的手腕,能方便地通过较小的孔伸入工件内部,喷涂其内表面,还可以通过手把手示教或点位示教来实现多种车型的混线生产,如轿车、旅行车、皮卡车等车身混线生产。

▲ 图 1.1.5　工业机器人喷涂应用系统

五、工业机器人选型的原则与方法

工业机器人不仅是简单意义上代替人工的劳动,还可作为一个可编程的高度柔性、开放的加工单元集成到先进制造系统,适合于多品种大批量的柔性生产,可以提升产品的稳定性和一致性,在提高生产效率产品质量的同时加快产品的更新换代。因此选择合适的工业机器人对提高制造业自动化水平、增强企业整体竞争力能起到很大作用。

选择工业机器人的型号时,不但应关注工业机器人的七大技术参数,也应考虑以下原则:

（1）专业技术参数与应用工艺相适应　选用的工业机器人的承载能力、重复定位精度等专业技术参数应适应应用场合工艺需要。

（2）保障设备可靠性与产品质量　工业机器人设备的可靠性由固有可靠性和使用可靠性构成。所谓固有可靠性,是指该设备由设计、制造、安装到试运转完毕,整个过程所具有的可靠性,是先天性的可靠性。工业机器人的可靠性是保证产品生产效率和质量的关键,选用时重点关注。

(3)容易操作与技术服务的支撑　工业机器人的结构组成比较复杂,各系统的操作界面和难易程度不同,因此在选型时应考察在操作、示教、编程过程中,是否容易学习,编程系统是否采用高级语言;同时,也应该重点考虑设备厂商是否提供售前、售后的技术辅助支持。

(4)维保体系成熟与配件标准化的维保　工业机器人尤其是国外品牌的机器人的维修备件常出现供应渠道不畅、供应周期长、价格昂贵等问题,因此在选择机器人时特别要关注品牌的服务网络是否健全,服务体系是否完善,能否及时维保等。

(5)环保与安全　市场占有率高的产品其结构和工艺基本上经过考验,相对比较成熟,质量有保障,部分产品还存在漏油、漏水、漏气的现象,这些既污染环境造成浪费还会造成系统的安全隐患。因此在选择工业机器人产品要达到环保和安全的质量原则。

常见工业机器人的品牌及特点

全球知名工业机器人品牌众多并呈现不断增加的趋势。在我国,发那科(FANUC)、安川、库卡、ABB四大国际巨头竞争力雄厚,分别占据17.4%、12.5%、13.5%、11.7%的市场份额。自主品牌机器人总共占据的比重为27.88%。中国在工业机器人领域的研发投入力度不断加强,埃斯顿、埃夫特、广州数控、新时达、华数等国产机器人品牌开始在产业链中游和上游进行拓展,通过自主研发或外延并购等方式掌握零部件和本体的研发技术,已经具备一定的竞争力。

 任务实施

制造装备展会是推广装备产品、展示技术能力、宣传企业、锻炼培养人才的优秀平台。展会一般由市场宣传部、工程设计部及现场技术人员负责。展会活动涉及机器人装备的现场操作展示、产品推介论坛、装备自动化升级方案定制3部分内容。

一、展会布置准备

布展准备工作包括:场地及文化宣传布置、机器人工作站组装调试、参展资料整理交接等。

(1)整理企业宣传资料,配合市场部按照布展效果要求分类放置。

(2)搬运并清点设备,配合工程设计部完成设备运行调试。

(3)学习展会具体要求,帮助项目组完成环境整理及展会相关证件资料准备。

二、展会现场接待

工作人员专业真诚的现场接待至关重要,会直接影响观众和参展商对公司产品的满意程度,直至影响对公司技术服务能力。现场接待的主要工作有来访登记及资料收集,甄别观众的接待类别,有序组织工程设计部、市场部专业人员接待专业观众,主动向普通观众讲解工业机器人技术的基本认知。操作要点如下:

（1）统一穿着工装,展示公司良好形象。

（2）礼貌真诚地问询并帮助观众做好来访登记,明确接待类别,安排分类接待。

（3）面向普通观众脱稿讲解工业机器人技术的应用。讲解内容应围绕工业机器人定义与发展,应用与种类,公司目前展示的激光焊接机器人主要用于哪些场合,与同类产品相比有哪些优势开展。

（4）配合工程设计师演示机器人工作站的展示项目。

（5）配合市场部销售介绍公司主营产品。

三、撤展处理准备

撤展是指展览闭幕后的展品、展具的处理工作,主要包括展品处理、展台拆除、展具撤出、现场清洁等环节。提前做好计划,才能准时、快速地完成撤展任务。具体工作内容如下:

（1）拆装清点设备,配合工程设计部完成设备的打包装箱。

（2）整理移除企业宣传资料,配合市场部有序、按时撤展。

（3）清运展会废弃材料。配合市场部、工程设计部完成展品的装车搬运。

 任务训练

1. 请结合企业实地走访和文献研究,了解并简述什么是工业机器人,我国为什么要大力发展工业机器人。

2. 在工业机器人展销会上,某汽车零部件机械加工企业的技术主管有计划升级其机械加工设备。作为展会的专业讲解员,请结合你对机器人分类、应用和选型原则的认识提供一份专业讲解。

▶任务二 工业机器人应用基础知识应知

 学习目标

1. 理解工业机器人的工作原理及运动。
2. 能描述工业机器人的机械结构及系统组成。
3. 能识别不同型号工业机器人的主要技术参数及结构组成。
4. 会用严谨的术语向专业观众介绍FANUC机器人的型号、结构及特点。

任务描述

为充分满足不同领域和不同层次参会人员的需求,华兴机器人有限公司受邀参加了主办方组织了行业发展和专业技术的高峰论坛,为专业观众介绍工业机器人应用技术的最新发展及典型案例。为彰显公司的整体技术实力,作为现场工作人员,你不但要系统掌握工业机器人产品的结构组成、工作原理、主要技术参数、运动方式与坐标系等理论知识,还必须能够结合客户的需求介绍不同型号产品。这是学徒出师和考取工业机器人操作与运维、工业机器人应用编程等证书的必备理论知识与技能要求。

任务分析

一、工业机器人的结构组成

按照各个部件的作用,工业机器人系统一般由3个部分、6个子系统组成,如图1.2.1所示。这3个部分是机械部分、传感部分和控制部分;6个子系统是驱动系统、机械结构系统、感受系统、人-机交互系统、机器人-环境交互系统和控制系统。

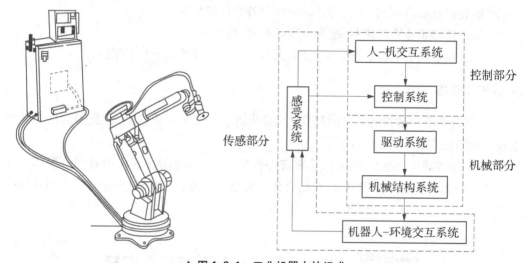

▲ 图 1.2.1 工业机器人的组成

(一)机械部分(工业机器人本体操作机)

机械部分包括工业机器人本体操作机及其驱动系统。机器人本体又称为操作机或工业机器人执行机构系统,是机器人的主要承载体。它由关节和一系列连杆组成,包括臂部、腕部、手部、机身、末端执行器,有的机器人还有行走机构。大多数工业机器人有3～6个运动自由度,其中腕部通常有1～3个运动自由度,如图1.2.2所示。

(二)工业机器人的控制部分

控制系统的任务是根据机器人的作业指令程序和从传感器反馈回来的信号,控制机器人的执行机构去完成规定的动作,是决定机器人功能和性能的主要因素,也是机器人系统中更新和发展最快的部分。其基本功能包含示教、记忆、位置伺服、坐标设定。若机器人不具备信息反馈特征,则该控制系统为开环控制系统;若具备信息反馈特征,则该控制系统为闭环控制系统。控制系统根据控制原理可分为程序控制系统、适应性控制系统和人工智能控制系统。常用的工业机器控制柜及其构成如图1.2.3所示。

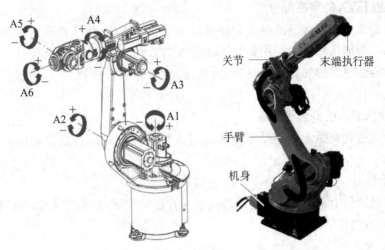

▲ 图 1.2.2 6自由度工业机器人操作机的机械组成

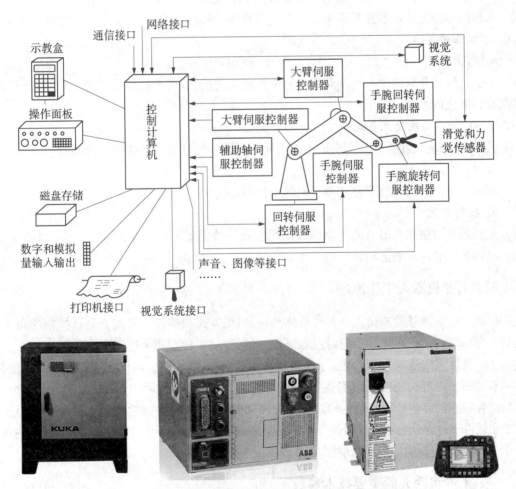

▲ 图 1.2.3 常见工业机器人控制系统的控制柜

(三)工业机器人的传感部分

传感部分通常由内部传感器模块和外部传感器模块组成,用于获取内部和外部环境中有意义的信息。智能传感器的使用提高了机器人的机动性、适应性和智能化。人类的感受系统对外部世界信息的感知是极其灵巧的,然而,对于一些特殊的信息,传感器比人类的感受系统更有效率。

(四)工业机器人的 6 大子系统

工业机器人是具有触觉等感受系统能通过人机交互方式执行复杂动作的机电一体化设备。

1. 驱动系统

驱动系统是给每个关节即每个运动自由度安置传动装置,使机器人运动起来,提供机器人各部位、各关节动作的原动力。

2. 机械结构系统

机械结构系统由机身、手臂、末端操作器三大件组成。手臂一般由上臂、下臂和手腕组成。末端操作器是直接装在手腕上的一个重要部件,可以是两手指或多手指的手爪,也可以是喷漆枪、焊枪等。

3. 感受系统

感受系统能获取内部和外部环境状态中有意义的信息,大大提高了机器人的机动性、适应性和智能化的水准。

4. 机器人-环境交互系统

机器人-环境交互系统是实现机器人与外部环境中的设备相互联系和协调的系统。

5. 人-机交互系统

这是人与机器人进行联系和参与机器人控制的装置。

6. 控制系统

控制系统可根据机器人的作业指令程序以及从传感器反馈回来的信号,支配机器人的执行机构去完成规定的运动和功能。

二、工业机器人工作原理

机器人的原理就是模仿人的各种肢体动作、思维方式和控制决策能力。从控制的角度,机器人可以通过示教再现、可编程控制、遥控、自主控制 4 种方式来达到这一目标。

工业机器人的基本工作原理是示教再现。示教也称导引,即由操作者直接手把手或者利用示教盒引导机器人,按实际任务逐步操作一遍,机器人在导引过程中自动记忆示教的每个动作的位置、姿态、运动参数(工艺参数)等并加以存储,并生成一个连续执行全部操作的程序。整个示教再现过程分为示教—存储—再现—操作等 4 步。完成示教后,只需给机器人一个启动命令,机器人将精确地按示教动作,一步步完成全部操作。其工作原理如图 1.2.4 所示。

三、工业机器人的主要技术参数

工业机器人的技术参数有许多,但主要的技术参数有自由度、工作空间、工作速度、工作

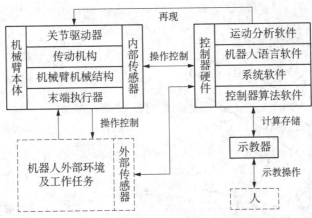

▲ 图 1.2.4　机器人示教再现工作原理

载荷、控制方式、驱动方式及精度、重复精度和分辨率等，见表 1.2.1。

表 1.2.1　FANUC M‑10iD/12 机器人技术参数表

机器人名称	M‑10iD/12		
机构	多关节机器人		
控制轴数	6 轴（J1、J2、J3、J4、J5、J6）		
可达半径	★1 441 mm		
安装方式	地面安装、顶吊安装、倾斜角安装		
动作范围最高速度	J1 轴旋转（速度）	340° 5.93 rad	（260°/s） （4.54 rad/s）
	J2 轴旋转（速度）	235° 4.10 rad	（240°/s） （4.19 rad/s）
	J3 轴旋转（速度）	455° 7.94 rad	（260°/s） （4.54 rad/s）
	J4 轴旋转（速度）	380° 6.63 rad	（430°/s） （7.50 rad/s）
	J5 轴旋转（速度）	360° 6.28 rad	（450°/s） （7.85 rad/s）
	J6 轴旋转（速度）	900° 15.71 rad	（720°/s） （12.57 rad/s）
手腕部可搬运质量	★12 kg		

（一）自由度

　　机器人的自由度（Degree of Freedom）是指描述物体运动所需要的独立坐标数。机器人的自由度表示机器人动作灵活的尺度，一般以轴的直线移动、摆动或旋转动作的数目来表示，手部的动作不包括在内。六轴关节型机器人在现代工业中应用最为广泛，其自由度如图1.2.5 所示。

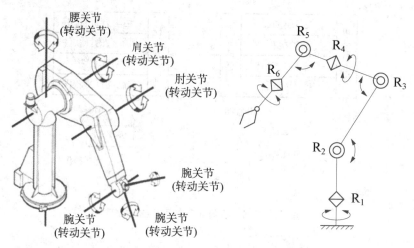

▲ 图 1.2.5　六轴关节型机器人的自由度

（二）工作空间

机器人的工作空间（working space）是指机器人手臂或手部安装点所能达到的空间区域，不包括手部本身所能达到的区域。机器人所具有的自由度数目及其组合不同，则其工作空间不同；在操作工业机器人时，常用到的自由度的变化量（即直线运动的距离和回转角度的大小）决定着工作空间的大小，如图 1.2.6 所示。

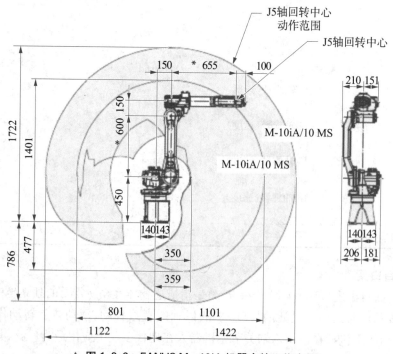

▲ 图 1.2.6　FANUC M‑10iA 机器人的工作空间

（三）工作速度

工作速度是指机器人在工作载荷条件下，匀速运动过程中，机械接口中心或工具中心点在单位时间内所移动的距离或转动的角度。FANUC M-10iD 机器人的动作范围最高速度，见表 1.2.1。

（四）工作载荷

工作载荷是指机器人在规定的性能范围内，机械接口处能承受的最大负载量（包括手部），用质量、力矩、惯性矩来表示。

（五）控制方式

机器人控制轴的方式有两种即伺服控制和非伺服控制。伺服控制需要连续监测有关位置和速度等相关物理量的信息，并反馈到与机器人各关节有关的控制系统。

（六）驱动方式及精度、重复精度和分辨率

机器人驱动器作为发出动作的动力机构，可将电能、液压能和气压能转化为机器人的动力。其驱动方式就是关节执行器的动力源形式，主要有液压式、气动式和电动式等 3 种。

精度是指一个位置相对于其参照系的绝对度量，是机器人手部实际到达位置与所需要到达的理想位置之间的差距，如图 1.2.7 所示。

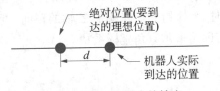

▲ 图 1.2.7　机器人的精度

重复精度是指在相同的运动位置命令下，机器人连续若干次运动轨迹之间的误差度量，如图 1.2.8 所示。分辨率是指机器人每根轴能够实现的最小移动距离或最小转动角度。

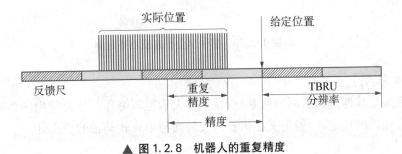

▲ 图 1.2.8　机器人的重复精度

四、工业机器人的运动方式与坐标系

六轴关节机器人由 6 个可活动的关节（轴）组成，由于其结构功能类似人体的手臂，因此应用最为广泛。工业机器人的坐标系是机器人在其应用空间上，为确定位置和姿态而引入的坐标系，分为直角坐标系（笛卡尔坐标系）和关节坐标系。工业机器人的运动就是根据用户的要求,保证末端执行器以不同空间姿态达到工作空间。工业机器人常用的坐标系主要包括基坐标系、关节坐标系、工件坐标系及工具坐标系等,如图1.2.9所示。

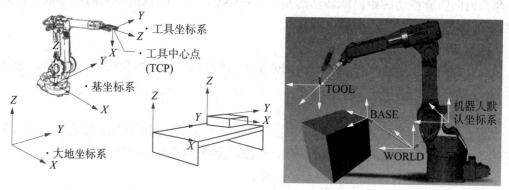

▲ **图 1.2.9　工业机器人的坐标系**

笛卡尔直角坐标系是全面确定机器人应用系统各关节的位置与姿态的基础坐标系,可与其他坐标系进行矢量变换。通常,把 X 轴和 Y 轴配置在水平面上,而 Z 轴则是铅垂线。各轴的正方向要符合右手规则,如图 1.2.10 所示,即以右手握住 Z 轴,当右手的四指从正向 X 轴以 90°转向正向 Y 轴时,大拇指的指向就是 Z 轴的正向,点 O 叫做坐标原点,这样就构成了一个空间直角坐标系,即笛卡尔直角坐标系。

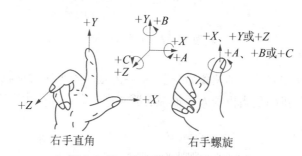

▲ **图 1.2.10　笛卡尔坐标系及右手定则**

1. 基坐标系

基坐标系是其他坐标系的参照基础,是机器人示教与编程时经常使用的坐标系之一,它的位置没有硬性的规定,一般定义在机器人安装面与第一转动轴的交点处。

2. 关节坐标系

关节坐标系的原点设置在机器人关节中心点处,反映了该关节处每个轴相对该关节坐标系原点位置的绝对角度,如图 1.2.11 所示。

3. 工件坐标系

工件坐标系即用户自定义的坐标系,是将基坐标系的轴向坐标偏转一定角度得来的,如图 1.2.12 所示。用户坐标系也可以定义为工件坐标系。可根据需要定义多个工件坐标系,当配备多个工作台时,选择工件坐标系操作更为简单。

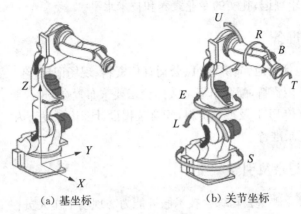

(a) 基坐标　　　　　　　(b) 关节坐标

▲ 图 1.2.11　工业机器人的基坐标与关节坐标

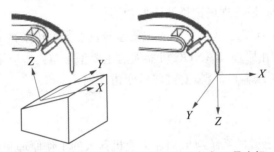

▲ 图 1.2.12　工业机器人的工件坐标与工具坐标

4. 工具坐标系(TCP)

工具坐标系是原点安装在机器人末端的工具中心点(Tool Center Point，TCP)的坐标系，原点及方向都是随着末端位置与角度不断变化的。该坐标系实际是基坐标系通过旋转及位移变化而来的。工具坐标的移动以工具的有效方向为基准，与机器人的位置、姿势无关，所以进行相对于工件不改变工具姿势的平行移动操作时最为适宜。

五、FANUC 工业机器人的主要型号与用途

FANUC 公司致力于机器人技术上的创新，产品涉及集成视觉系统、智能机器人、智能机器等方面。目前，市场上的 FANUC 机器人产品系列多达 240 种，负重从 0.5 kg～2.3 t，广泛应用在装配、搬运、焊接、铸造、喷涂、码垛等不同生产环节(其产品主要型号与用途可查看官网：http://www.shanghai-fanuc.com.cn/)。

 任务实施

行业发展和专业技术的高峰论坛由专题分享和互动交流两个环节组成。专业技术专题分享需要结合行业发展前沿，介绍并主推先进产品的前沿技术应用和使用性能。互动交流环节是了解客户需要，展示公司综合实力的高效途径，需要企业的现场工作人员做好充分的

资料准备、翔实的需求登记、扎实的专业素养和技术水平。

一、论坛资料准备

论坛准备工作包括场地、演讲 PPT、公司宣传资料、现场记录、客户登记整理等。

(1) 整理企业宣传资料,配合市场部按照论坛要求布置会场。

(2) 播放主题宣传 PPT 及视频资料,配合工程设计部论坛发言人完成汇报发言前准备。

(3) 做好现场记录准备。

二、论坛现场记录及引导

论坛分享及答疑反映了公司综合技术服务能力。现场工作人员在论坛现场的主要工作有礼仪接待、现场记录、来访登记及资料收集、答疑导引。操作要点如下:

(1) 统一穿着工装,注意接待礼仪和派发公司资料及名片。

(2) 解答观众疑问,做好现场记录及影像拍摄。

(3) 脱稿介绍 FANUC 工业机器人的主要型号及参数。讲解内容应围绕工业机器人主要技术参数、机器人工作原理、FANUC 机器人的主要型号与典型应用。

(4) 记录并整理论坛客户资料,安排展后回访计划。

 任务训练

1. 请结合工业机器人的系统组成描述工业机器人的工作原理和运动方式。

2. 公司拟新购置一台 FANUC M - 10iD/12 型工业机器人。作为设备技术员,请你根据该产品的技术资料设计该机器人产品的验货清单,内容应包括机器人的结构组成及主要技术参数性能说明。

▶ 任务三 工业机器人安全操作须知

 学习目标

> 1. 能识读工业机器人应用系统的安全标志。
> 2. 理解工业机器人的安全操作规范。
> 3. 会规范检查工业机器人应用系统的安全防护及常规点检。

任务描述

工业机器人系统组成复杂,动作范围大,操作速度快,自由度大。其运动部件,特别是手臂和手腕部分具有较高的能量,因此危险性大。只有熟识工业机器人系统的安全使用环境、

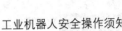

安全标志、安全操作规范和注意事项并通过专项认证,方能操作工业机器人。

华兴机器人有限公司主要从事机器人相关设备的集成开发,公司对产品安全及员工操作安全有非常严格的要求。作为公司机器人现场调试员,你必须对公司开发的工业机器人设备进行安全防护检查,做好每日常规点检登记,给参观的客户良好的体验。

工业机器人
安全事故

 任务分析

近年来,随着工业机器人的品种不断增加,功能不断扩展,性能不断提高,其应用领域已从制造业扩展到非制造业、医疗、服务等领域,因此安全的操作和防护显得尤为重要。

我国的工业机器人产品研制开发始于"七五"期间。为防止各类事故,避免人身伤害,在研制机器人产品的同时,也立项制定工业机器人安全标准。目前,我国正在实施的安全标准参照采用了国际标准化组织 ISO10218:1992 的版本,在内容上有所增加,首次提出了安全分析和风险评价的概念,以及机器人系统的安全设计和防护措施。

我国工业机
器人安全标准
GB 11291‑1989

一、工业机器人应用系统的安全标志

安全标志是由安全色、几何图形和图形符号构成的,用以表达特定安全信息的标记。安全标志的作用是引起人们对不安全因素的注意,预防发生事故。安全标志分为禁止标志、警告标志、指令标志和提示标志 4 类。

操作工业机器人时,一定要注意相关的安全标志,并严格按照相关标记的指示执行,确保操作人员和机器人本体的安全,并逐步提高安全防范意识和生产效率。

(1) 禁止标志是不准或制止工人的某些行动　禁止标志的几何图形是带斜杠的圆环,其中圆环与斜杠相连,用红色;图形符号用黑色,背景用白标志色,如图 1.3.1 所示。

▲ 图 1.3.1　工业机器人操作常见禁止标志

(2) 警示标志是警告人们可能发生的危险　是告诫、提示人们对某些不安全因素高度注意和警惕,是一种消除可以预料到的风险或把风险降低到人体和机器可接受范围内的一种常用方式。警告标志的几何图形是黑色的正三角形、黑色符号和黄色背景,如图 1.3.2 所示。

▲ 图 1.3.2 工业机器人操作常见警示标志

（3）提示标志　提示标志的几何图形是方形,绿、红色背景,白色图形符号及文字,如图 1.3.3 所示。

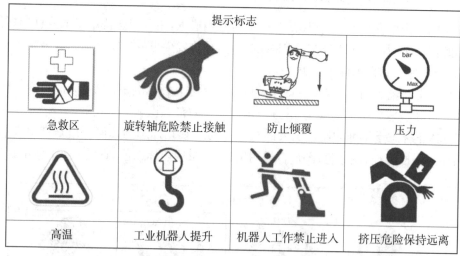

▲ 图 1.3.3 工业机器人操作常见提示标志

二、工业机器人设备的安全使用环境及安全标志

工业机器人设备的所有铭牌、说明、图标和标记都与机器人系统的安全有关,如图 1.3.4 所示,不允许更改或去除。由于技术参数不同,不同的工业机器人设备使用环境及安全标志也有些许区别。一般,工业机器人设备工作不适用于燃烧、有爆炸可能、存在无线电干扰、水或者其他液体等安装环境中。

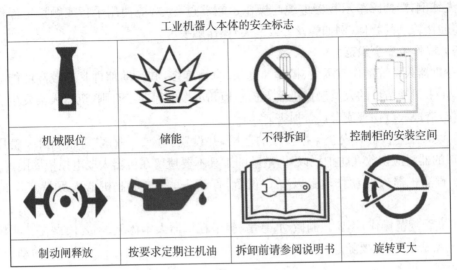

工业机器人本体的安全标志			
机械限位	储能	不得拆卸	控制柜的安装空间
制动闸释放	按要求定期注机油	拆卸前请参阅说明书	旋转更大

▲ 图 1.3.4　工业机器人设备的安全标志

三、工业机器人的安全操作规范

从事安装、操作、保养等操作的机器人相关人员，需熟知机器人的相关安全操作知识，必需遵守运行期间安全第一的原则。

工业机器人系统的安全操作规程是操作员在操作机器人系统设备和调整仪器仪表时必须遵守的规章和程序。其主要内容包括操作步骤和程序，安全技术知识和注意事项，正确使用个人安全防护用品，工业机器人系统和周边安全设施的维修保养，预防事故的紧急措施，安全检查的制度和要求等。操作人员在操作机器人时特别需要注意以下事项。

（一）操作前安全准备

（1）操作人身安全　操作人员在操作前应穿戴好安全帽和安全工作服，防止被工业机器人系统零部件尖角或末端工具动作划伤。

（2）操作环境安全　工业机器人系统操作危险环境应设置"严禁烟火""高电压""危险""无关人员禁止入内""远离作业区"等安全标志，防止人员在工业机器人工作场所周围做出危险行为，接触机器人或周边机械，造成人员伤害。应设置安全保护光栅，在地面上铺设光电开关或垫片开关，以便当操作人员进入机器人工作范围内时，机器人发出警报或鸣笛并停止工作，以确保机器人安全。

（3）操作设备安全　应关注夹具是否夹紧工件，旋转或运动的工具是否停止，长期运行后的工件和机器人系统的表面是否高温，液压、气压系统是否有预压或者压力残留，控制柜等带电部件是否断电或漏电。

（二）机器人示教器安全使用

示教器是工业机器人控制器的大脑，应定期使用软布醮少量水或中性清洁剂清洁触摸屏，盖上 USB 端口的保护盖。小心搬运，切勿摔打、抛掷或用力撞击。使用前要验证并确认其安全功能（使动装置和紧急停止）是否正常工作。使用和存放示教器时，始终要确保电缆不会将人绊倒，严禁踩踏示教器电缆。操作示教器过程中，应使用手指或触摸笔操作触摸屏，不得使用锋利的物体（例如螺丝刀或笔尖）操作触摸屏。

（三）操作中安全规范

工业机器人系统动作范围大、操作速度快、自由度多，其运动部件具有较高的能量。通电中，禁止未接受培训的人员触摸机器人控制柜和示教编程器。否则，机器人会发生意想不到的动作，造成人员伤害或者设备损害。

（1）设置工业机器人安全保护区域的范围，并设置"远离作业区"等指示牌。备用工具以及类似的器材应摆放在防护栏以外，散乱的工具不要遗留在机器人或电控柜周围。

（2）预测机器人的动作轨迹及操作位置，保证人、物与工业机器人保持足够的安全距离。

（3）文明规范操作，不要强制搬动、悬吊、骑坐在机器人本体上；不要依靠在工业机器人或者其他控制柜上；不要随意按动开关或者按钮，防止机器人会发生意想不到的动作，造成人员伤害或者设备损害。

（4）始终带好示教器，防止其他人员误动作。如果在保护空间内有工作人员，请手动低速操作机器人系统。

（5）紧急情况下，应立即按下工业机器人系统控制柜及本体的紧急停止按钮，确保系统完全停止后，方能靠近机器人进行意外处理。

四、工业机器人系统的安全性日常检查内容及流程

工业机器人保养维护在企业生产中尤为重要。按时、正确的维护保养能延长机器人的使用寿命，确保系统安全，大大减少工业机器人的故障率和停机时间，充分利用工业机器人这一生产要素，最大限度地提高生产效率。

工业机器人系统的维护保养是指定期通过感官、仪表等辅助工具，检查设备的关键部位的声响、振动、温度、油压等运行状况，并将检查结果记录在点检卡上。点检的内容主要包括工业机器人本体的日常清洁保养检查，系统运行过程中的本体的定期预防性保养，定期更换电池、润滑油/脂，外围设备及控制柜的维护保养。应根据不同品牌机器人的特性，对其维护和保养的时限、内容、流程、点检卡提出不同的要求。其常规操作流程如图1.3.5所示，具体内容见表1.3.1。

 任务实施

检修和维修可以将机器人的性能保持在稳定的状态。公司现场技术员每天上班的第一项任务，就是对机器人应用系统的清洁、线缆连接、结构紧固、电池、电、气安全等进行开机前的常规检测和维护。

一、工业机器人日常检查及定期维护的安全操作防护及准备

操作前需要做好防护，预防发生人员和设备的安全意外。安全防护的内容包括：操作人员的安全防护、设备环境的安全检查。

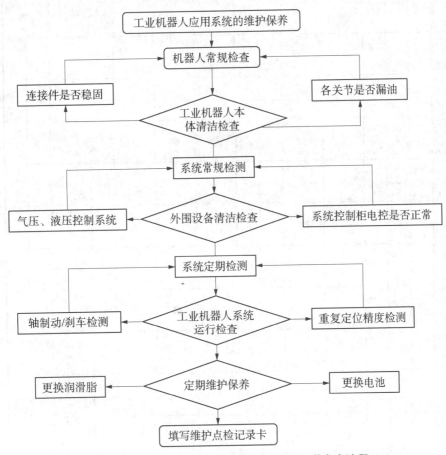

▲ 图 1.3.5　工业机器人应用系统的维护保养参考流程

（1）穿戴好安全防护鞋、帽和工作服　做好人身安全准备，如图 1.3.6 所示。

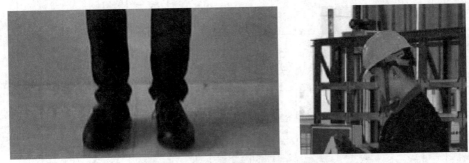

▲ 图 1.3.6　工业机器人操作人员的安全防护

（2）检查工业机器人应用系统安全标志　做好设备使用前安全警示准备，如图 1.3.7 所示。

表 1.3.1　工业机器人应用系统点检卡

部位	序号	检修和更换项目	检修时间/h	供能量	首次检修 320	3个月 960	6个月 1920	9个月 2880	1年 3840	4800	5760	6720	2年 7680	8640	9600	10560
机构部	1	外伤、油漆脱落的确认	0.1	—		○	○	○	○	○	○	○	○	○	○	○
	2	沾水的确认	0.1	—		○	○	○	○	○	○	○	○	○	○	○
	3	露出的连接器是否松动	0.2	—					○				○			
	4	末端执行器安装螺栓的紧固	0.2	—				○								
	5	盖板安装螺栓、外部主要螺栓的紧固	2.0	—					○				○			
	6	机械式制动器的检修	0.1	—		○			○				○			
	7	垃圾、灰尘等的清除	1.0	—			○									
	8	机械手电缆、外设电缆（可选购项）的检查	0.1	—		○	○	○	○	○	○	○	○	○	○	○
	9	电池的更换（指定内置电池时）	0.1	14 mL（＊1）12 mL（＊2）					●				●			
	10	各轴减速机的供脂	0.5	—					○				○			
	11	机构部内电缆的更换	4.0	—									○			
控制装置	12	示教器以及操作箱连接电缆有无损伤	0.2	—		○							○			
	13	通风口的清洁	0.2	—	○	○	○	○	○	○	○	○	○	○	○	○
	14	电池的更换＊3	0.1	—	○											

▲ 图 1.3.7　工业机器人设备的安全标志

（3）检查工业机器人应用系统安全防护栏、光栅、急停设备　做好设备意外故障保护准备，如图 1.3.8 所示。

▲ 图 1.3.8　工业机器人系统的安全防护

（4）检查工业机器人电、气系统　做好系统正常工作前准备。

我们通常使用的工业机器人大多数采用的是电气驱动方式。机器人与电气控制柜的连接包括动力电缆、信号电缆、地线。在开机前，应先检查控制柜线路航插有没有接好，做到线路接口无松动；再检查散热器状态是否正常，是否使用 ESD 保护。

气动控制系统包含压缩机及气源联件，如图 1.3.9 所示。应检查供气量是否正常，气管有无泄漏。

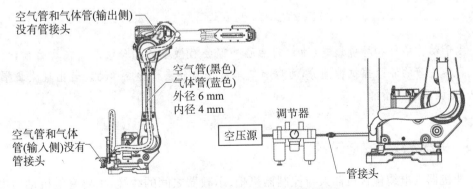

▲ 图 1.3.9　工业机器人的气管接口

二、工业机器人清洁保养

　　为保证较长的正常运行时间,务必在开机前清洁机器人系统的尘土、漏油脂、飞溅物等,尤其是手腕部、J3手臂周围,如图1.3.10所示。清洁之前须关闭机器人的所有电源,然后再进入机器人的工作空间。清洁的时间间隔取决于机器人工作的环境。根据机器人的不同防护类型,可采用不同的清洁方法。通常情况下,可采用布蘸取少量清洁剂或者酒精擦拭。

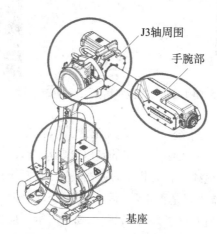

▲ 图1.3.10　工业机器人重点清洁部位

三、机器人线缆安全保养

　　工业机器人电缆包含机器人与控制器机柜、示教器之间的线缆,主要有电机动力电缆、转数计数器电缆、示教器电缆和用户电缆(选配)等,如图1.3.11所示。开机前务必确认外部的电缆是否损伤,有台架的时候特别要仔细确认电缆的保护套是否完整。

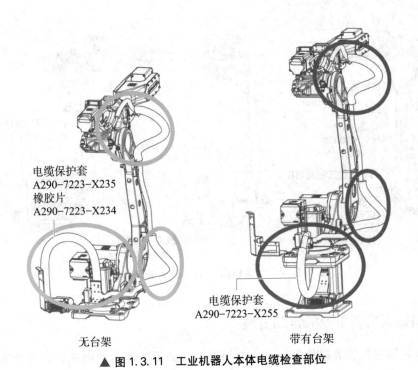

电缆保护套
A290-7223-X235
橡胶片
A290-7223-X234

电缆保护套
A290-7223-X255

无台架　　　　　　　　　　　带有台架

▲ 图 1.3.11　工业机器人本体电缆检查部位

四、连接器、制动器的牢固度检查

开机前细致检查工业机器人的连接器、制动器和紧固部件等部分是否牢固度，机械限位是否完好，如果出现松动，需要对照螺栓建议扭力矩数值，使用扭力矩扳手固定，如图 1.3.12～图 1.3.14 所示。

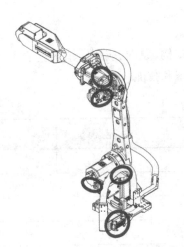

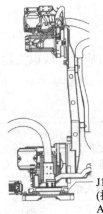

J1轴机械式制动器B
(指定机械式制动器时)
A290-7223-X272(2)
螺栓 M8X20(4)
(拧紧力矩 37.2 Nm)

▲ 图 1.3.12　工业机器人连接器检查部位图　　▲ 图 1.3.13　工业机器人 J1 轴制动器检查部位

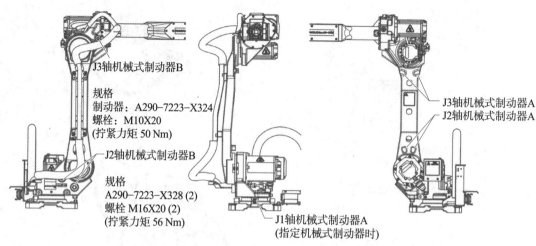

J3轴机械式制动器B

规格
制动器：A290-7223-X324
螺栓：M10X20
(拧紧力矩 50 Nm)

J2轴机械式制动器B

规格
A290-7223-X328 (2)
螺栓 M16X20 (2)
(拧紧力矩 56 Nm)

J3轴机械式制动器A
J2轴机械式制动器A

J1轴机械式制动器A
(指定机械式制动器时)

▲ 1.3.14　工业机器人 J1 - J3 轴制动器检查

五、机器人后备电池的定期更换

机器人各轴的位置数据都是通过电池保存的。如果电池出现电压下降报警显示，或者工作已半年左右，要定期更换。

注意 ··

电池更换时需要将电源置于"ON"状态。若将电源置于"OFF"状态，会导致当前位置数据丢失，需要重新进行零点标定。因此，更换电池时为了安全必须按下急停按钮。

项目评价

通过本项目的学习后，应全面认识机器人的定义、结构、原理、应用。请根据表 1.3.2 对照检查是否掌握了机器人基础初学者该掌握的基础知识和技能。

表 1.3.2　考核与评价

序号	评 分 点	能/否	备注
1	能清晰表述工业机器人的定义与发展(5分)		
2	能概括工业机器人结构组成及功能(10分)		
3	能表述工业机器人的工作原理与分类(10分)		
4	能根据工业机器人的主要技术参数进行选型(10分)		
5	能识读工业机器人安全标识(10分)		
6	能列出人日常检查流程及内容(10分)		

序号	评 分 点	能/否	备注
7	能对工业机器人的进行规范的清洁保养(5分)		
8	能根据手册对工业机器人线缆进行检查(5分)		
9	能检查工业机器人连接器、制动器是否紧固(5分)		
10	能排除工业机器人外围电、气线路故障(5分)		
综 合 评 价			

项目二
工业机器人绘图操作与编程

项目情景

在金属制品、汽配生产、机械加工、产品外壳钣金等领域,机器人配合切割机能实现柔性切割。联华金属制品工艺有限公司在新投产的生产线中,采用机器人和等离子切割机,对订单中的多款 3 mm 厚低碳钢薄板进行图案切割,切割图样由联华公司客户提供。工程验收时,需提供包含设计图、程序、操作指导书等技术文件。现场设备由联华公司采购,联华公司工程部负责整个项目。作为工程部的机器人调试员,主管要求你先在产品上应用机器人完成用户指定图样的绘制,再规范编写程序,最后根据切割工艺实现图案的加工。

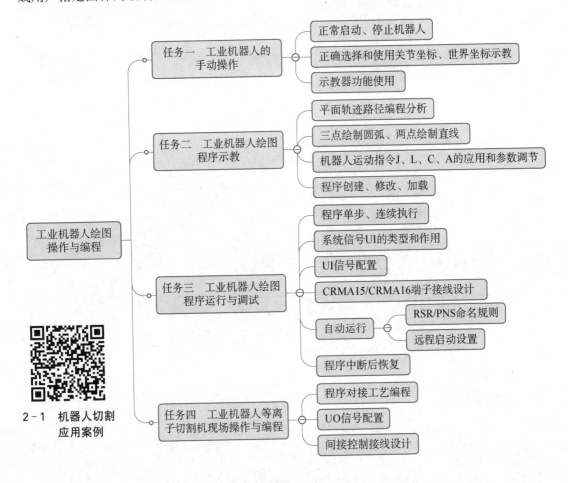

工业机器人绘图操作与编程

- 任务一 工业机器人的手动操作
  - 正常启动、停止机器人
  - 正确选择和使用关节坐标、世界坐标示教
  - 示教器功能使用
- 任务二 工业机器人绘图程序示教
  - 平面轨迹路径编程分析
  - 三点绘制圆弧、两点绘制直线
  - 机器人运动指令J、L、C、A的应用和参数调节
  - 程序创建、修改、加载
- 任务三 工业机器人绘图程序运行与调试
  - 程序单步、连续执行
  - 系统信号UI的类型和作用
  - UI信号配置
  - CRMA15/CRMA16端子接线设计
  - 自动运行
    - RSR/PNS命名规则
    - 远程启动设置
  - 程序中断后恢复
- 任务四 工业机器人等离子切割机现场操作与编程
  - 程序对接工艺编程
  - UO信号配置
  - 间接控制接线设计

2-1 机器人切割应用案例

▶ 任务一 工业机器人的手动操作

 学习目标

1. 熟悉FANUC机器人示教器的操作界面,能手动示教机器人按规定方向运动。
2. 能使用示教器的速度键和方向键操作机器人准确对点。
3. 能根据机器人各轴零刻度位置操作机器人回到HOME点。

任务描述

联华公司切割工作站的机器人控制柜、线缆、本体已在现场安装完成,开始系统集成。在切割定点编程前,需要初步通电调试,观察机柜各操作按钮和示教器各操作按钮是否有效,各轴的抱闸是否正常;机器人在关节坐标下运动和世界坐标下运动时,各轴是否有偏离规定运动方向的情况。作为联华机器人调试员,工程部主管要求你进行初始调试,确认机器人一切正常后,让机器人的一～四轴回到零点,第五轴旋转−10°,以此姿态作为HOME点,为机器人正常工作做好准备。

任务分析

工业机器人集成度高,价格昂贵,安装必须牢固,接线务必正确。在手动操作机器人前,需知道如何正常启动控制系统;操作机器人定点时,确保机器人各轴不超出最大运动范围,否则可能损坏机械部件;如何根据生产任务、生产效率、生产安全性定义HOME点姿态,是必须考虑的问题。

一、安全启动机器人控制系统

变压器为何不直接集成在控制柜中?

如图2.1.1所示,变压器与控制柜分开成两个部件,原因有两个:

(1) FANUC机器人产自日本,日本的工业设备采用110 V/50 HZ/60 HZ工频电源,而中国采用220 V/50 HZ工频电源,因此机器人等工频设备在国内使用需要加装降压变压器。交流电源先进变压器,变压器输出110 V给控制柜。

(2) 机器人的功率较大,变压器给其供电时发热量大,独立一个电柜放置有利于变压器散热。

　　FANUC 机器人通过控制柜引出来的 CRMA15、CRMA16 端子与外部设备交换 IO 信号,如图 2.1.2 所示。其中,17、18 号端子是电源的 0 V(负极),49、50 号端子是 24 V(正极)。在接线回路中,必须确保正负极之间没有短路。可以在断电状态下,用万用表蜂鸣挡测量正负极之间是否有蜂鸣音发出,有则需要排查短路问题。

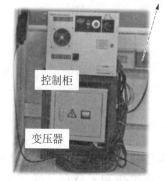

▲ 图 2.1.1　机器人变压器和控制柜

▲ 图 2.1.2　CRMA15/16 端子

注意

　　在通电前须确保地线安装牢固。按照国际规定,接地线必须是黄绿相间的线,与机柜牢固连接,在接地端贴上标志。一些施工人员在接线时把黄绿相间的线作火线或零线用,把黄、绿、红、蓝、黑色线作为地线用,这是极其严重的工艺错误和安全隐患。

二、科学设置机器人 HOME 点

(一)从工作效率上看

　　机器人开始一项工作和完成一项工作后往往回到一个安全点(姿态),这个安全点称作 HOME 点。为了有迹可循,一般以各轴回到零刻度线为准,因此 HOME 点也称作原点。但如图 2.1.3(a)所示,机器人第五轴与第四轴平行,若在此姿态安装图 2.1.3(b)所示的焊枪,每次机器人开始运动前都要旋转第五轴,把焊枪朝下,这样就降低了生产效率。因此,从生产效率的角度,第六轴装上工具的机器人在 HOME 点处,一般将第五轴旋转一定角度,让第六轴所带工具朝向工件所在平面。

(二)从避免奇异点上看

　　奇异点是机器人控制系统中出现的无解或不确定的点值,因为机器人手臂两轴共线导致自由度减少,不能实现某些运行。

　　如图 2.1.4 所示,当机器人每条轴都回到零点,出现某两条轴线共线时,机器人就会出现奇异点 MOTN-023 或 MOTN-063 报警,在控制系统的坐标运算中表现为无穷大求解。例如 J4、J5、J6 三条轴共线了。

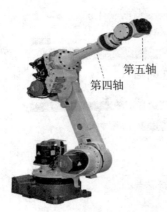
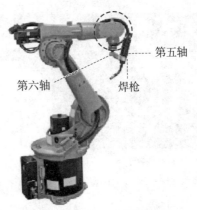

（a）机器人第五轴与第四轴平行　　　（b）机器人第六轴装上焊枪

▲ 图 2.1.3　工具在第六轴上的安装

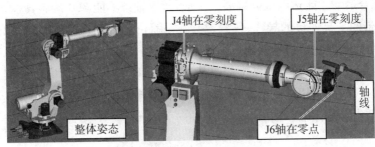

（a）机器人第 J4、J5、J6 轴共线

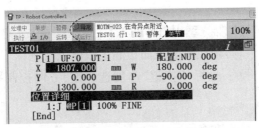

（b）P[1]点出现奇异点报警

▲ 图 2.1.4　出现奇异点

工程经验　•••

　　在实际编程中，当 J5 轴在零刻度附近时特别容易出现奇异点报警。在关节坐标下，调整 J5 轴偏离零点一定角度，如图 2.1.5 所示，让 J5 轴旋转−10°后，运行 P[2]点就不会出现奇异点报警了。

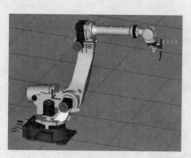
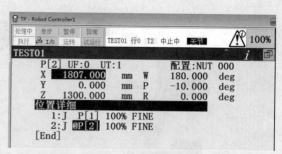

（a）机器人姿态   （b）P[2]位置点坐标值

▲ 图 2.1.5   解决奇异点

三、确保机器人各轴不超出最大运动范围

各条轴配合运动才能达到最大臂展。一般，每条轴都不能 360°旋转，就算是第六轴可以转 360°，其所带的工具连接的导线、气管、焊丝等附件也不能过度弯曲。要知道每条轴的最大转动角度，可以查阅每个机器人出厂所配的说明书。

一些机器人品牌允许在示教器中修改某条轴的动作范围。但厂家以机器人最大臂展来限定每条轴的工作范围，超过此范围容易发生系统报警。机器人是多轴配合运动的，例如要机器人"弯腰低头"，需让第二轴前倾和第三轴向下旋转。

 任务准备

示教器(TP)是用户与机器人编程对话的工具，各款机器人示教器的操作大同小异。要正常操作任何一款机器人，必须在控制柜面板和示教器上找到以下功能位置：使能开关、急停按钮、手动/自动模式开关、坐标切换键、速度选择键、方向控制键、菜单键、手动运行控制键。

一、安全、规范操作前准备

（一）熟悉各安全按钮位置

各安全按钮位置如图 2.1.6 所示，首次启动机器人或点检时要熟悉各安全类按钮位置，在断电状态下试验各控制按钮闭合、断开是否正常。机柜面板和示教器面板上都有急停按钮，无论是手动模式还是自动模式，任何时候按下任意一个急停按钮，机器人都会马上停下。如图 2.1.7 所示，示教器反面有两个使能开关，左右各一个，操作者左手或右手操作示教器都能触及使能信号。DEADMAN Switch 三位安全开关中间位置有效，松开手或握到最边位置时机器人会停止。

（二）熟悉示教器面板各按键的功能

每款机器人的示教器形状和按键位置各不相同。目前，机器人示教器向触摸屏方向

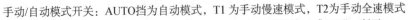

手动/自动模式开关：AUTO挡为自动模式，T1为手动慢速模式，T2为手动全速模式

CYCLE START(循环启动)：机器人进入运行状态时，此按钮灯常亮

TRLPPED开关："OFF"(断开)、"ON"(闭合)和"TRIPPED"(脱扣)3个位置

EMERGENCY STOP(急停按钮)：按下此按钮后，机器人立即停止工作，此时示教器FAULT灯亮；恢复方法为顺时针旋转此按钮，并按下示教器FAULT RESET按钮。

(a) 控制柜面板　　　　　　　　　　　　　(b) 示教器

▲ 图2.1.6　模式按钮和急停按钮位置

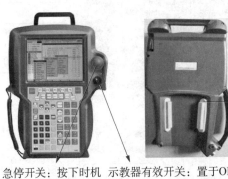

DEADMAN Switch:示教器使能按钮，手动操作机器人时，需按下并保持

急停开关：按下时机器人马上停止运动

示教器有效开关：置于OFF时，程序不能点动、运行、创建；ON/OFF开关：示教器有效/无效开关，机器人自动运行前须将此开关置OFF状态

▲ 图2.1.7　示教器正反面

发展，一些机器人支持拖动示教，大大简化了使用示教器定点的步骤。无论哪款机器人，通过英文和符号标记，结合说明书，就可以知道示教器面板按键的功能，如图2.1.8所示。熟悉示教器面板是操作机器人的前提。

二、找到各轴零刻度线位置，为设置 HOME 点做准备

图2.1.9所示是 FANUC R-0iB 机器人各轴零刻度的位置，每条轴的电机座上都有标注。当两条刻度在同一直线时，该轴就回到了原点。

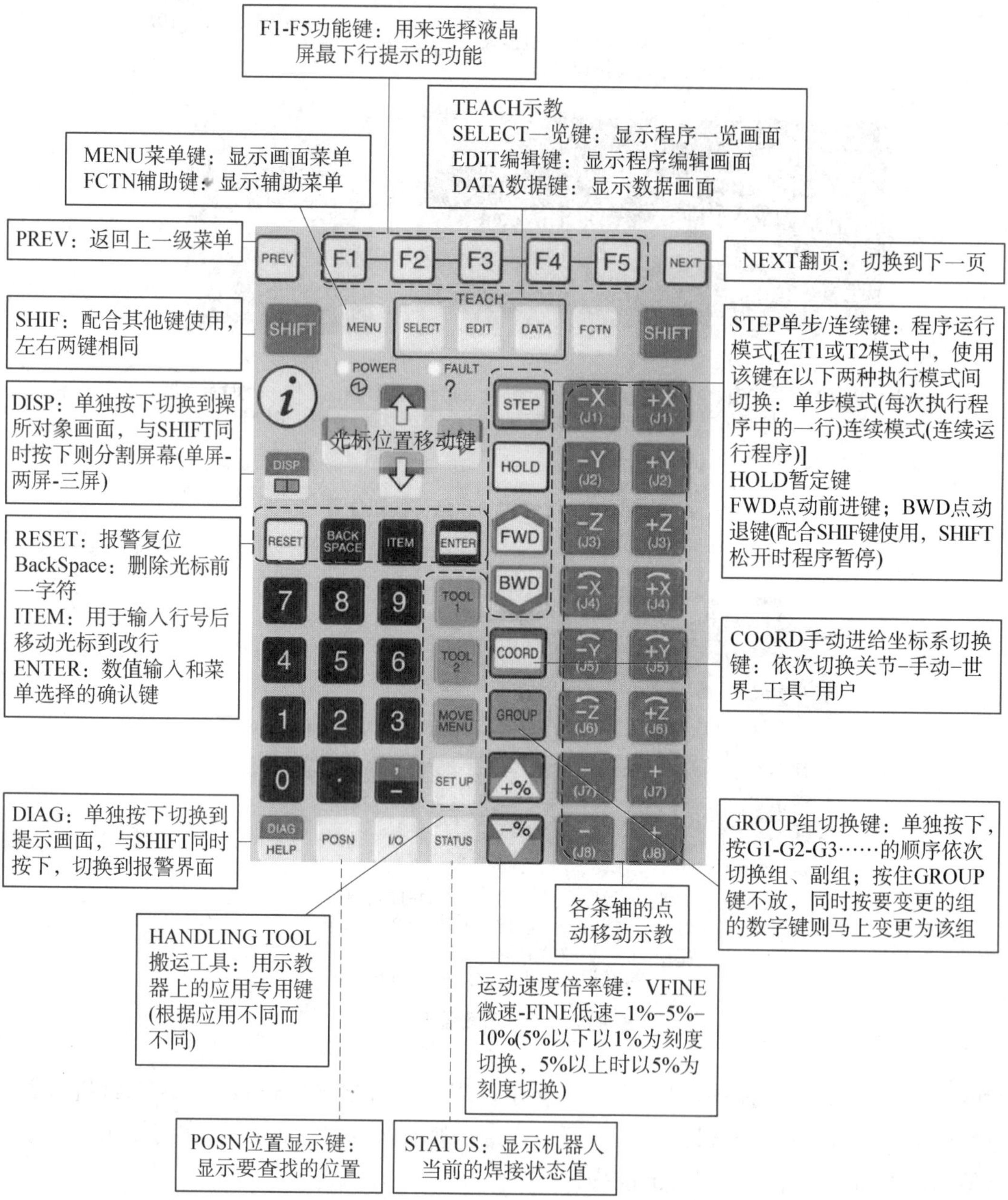

F1-F5功能键：用来选择液晶
屏最下行提示的功能

TEACH示教
SELECT一览键：显示程序一览画面
EDIT编辑键：显示程序编辑画面
DATA数据键：显示数据画面

MENU菜单键：显示画面菜单
FCTN辅助键：显示辅助菜单

PREV：返回上一级菜单

NEXT翻页：切换到下一页

SHIF：配合其他键使用，
左右两键相同

STEP单步/连续键：程序运行
模式[在T1或T2模式中，使用
该键在以下两种执行模式间
切换：单步模式(每次执行程
序中的一行)连续模式(连续运
行程序)]
HOLD暂定键
FWD点动前进键；BWD点动
退键(配合SHIF键使用，SHIFT
松开时程序暂停)

DISP：单独按下切换到操
所对象画面，与SHIFT同
时按下则分割屏幕(单屏-
两屏-三屏)

光标位置移动键

RESET：报警复位
BackSpace：删除光标前
一字符
ITEM：用于输入行号后
移动光标到改行
ENTER：数值输入和菜
单选择的确认键

COORD手动进给坐标系切换
键：依次切换关节-手动-世
界-工具-用户

DIAG：单独按下切换到
提示画面，与SHIFT同时
按下，切换到报警界面

GROUP组切换键：单独按下，
按G1-G2-G3……的顺序依次
切换组、副组；按住GROUP
键不放，同时按要变更的组
的数字键则马上变更为该组

HANDLING TOOL
搬运工具：用示教
器上的应用专用键
(根据应用不同而
不同)

各条轴的点
动移动示教

运动速度倍率键：VFINE
微速-FINE低速-1%-5%-
10%(5%以下以1%为刻度
切换，5%以上时以5%为
刻度切换)

POSN位置显示键：
显示要查找的位置

STATUS：显示机器人
当前的焊接状态值

▲ 图2.1.8 示教器正面按键功能

(a) J1 轴零刻度

(b) J2 轴零刻度

(c) J3 轴零刻度

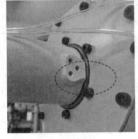

(d) J4 轴零刻度

(e) J5 轴零刻度

(f) 装了手爪的 J6 轴

▲ 图 2.1.9 R-0iB 机器人各轴零刻度线

三、开机后通过报警信息检查上次运行是否出现严重故障

机器人出现外部接线短路、碰撞导致抱闸报警、编码器数据丢失、电池电量偏低、急停按钮按下、机器人姿态出现奇异点等情况，都会在示教器的报警界面中记录并显示。只要有一个报警没有排除，机器人都不能进入执行程序的操作。使用机器人前，需先查看机器人报警记录，确保机器人前面运行没有遗留严重故障，否则强制运行或不断重复这些故障就会损坏机器人。图 2.1.10 所示是机器人示教器的报警界面，中文版示教器进入路径为：MENU—报警—履历。

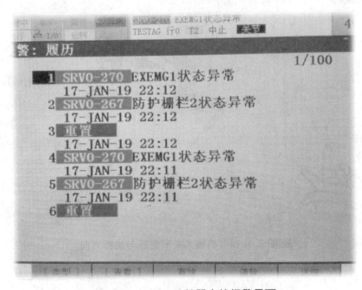

▲ 图 2.1.10 示教器中的报警界面

任务实施

一、正常开启/关闭机器人控制系统

确保机器人供电线路接线正确、CRMA15、CRMA16 端子连接牢固、外部接线正确后，可按以下顺序开启机器人控制系统：

打上变压器空气开关→控制柜 TRLPPED 开关打到 ON 位置→控制柜手动/自动模式开关打到 T1 挡→松开控制柜急停按钮→松开示教器急停按钮→示教器 ON/OFF 开关置于 ON 挡。

完成这些操作，若没有硬件故障，按下 RESET 键清除报警，长按使开关到中间挡，同时长按[SHIFT]键即可操作机器人运动。

机器人调试结束，关闭机器人控制系统的过程与启动相反，注意把相应开关打到 OFF 位置，按下示教器和控制柜面板的急停按钮。

二、关节坐标系下调试机器人单轴运动

为测试机器人关节坐标下运动是否正常，用[COORD]键将坐标切换到 JOINT(关节)，按下[SHIFT]+[−J1]、[+J1]、[−J2]、[+J2]、[−J3]、[+J3]、[−J4]、[+J4]、[−J5]、[+J5]、[−J6]、[+J6]键分别实现各条轴的移动。在关节坐标下完成以下操作：J1 轴实现"臀部"左右摆动幅度约 45°，J2 轴实现"弯腰/挺直"约 45°，J3 轴实现"抬头/低头"约 30°，J4 轴实现"手臂"旋转约 60°，J5 轴实现"手腕"上下摆动约 30°，J6 轴实现工具水平弧度旋转约 90°。

机器人关节坐标下运动，是根据各条轴的基准坐标在正负方向旋转的。机器人出厂的基准坐标是参照笛卡尔坐标建立的，也就是面向机器人，右手手势如图 2.1.11 所示，由此知道机器人各条轴向哪个方向运动为正方向。

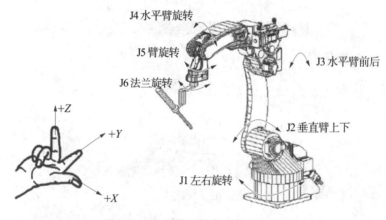

▲ 图 2.1.11 机器人关节坐标与坐标方向

三、世界坐标系下调试机器人直线运动

机器人关节坐标 JOINT 的运动是单轴运动。而直线运动是参照笛卡尔坐标系建立的世界坐标运动,是多条轴同时配合运动完成的轨迹移动。若工具坐标没有建立,则工具坐标与第六轴法兰的坐标重合,如图 2.1.12 所示。

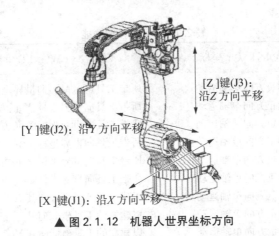

[Z]键(J3):
沿Z方向平移

[Y]键(J2):沿Y方向平移

[X]键(J1):沿X方向平移

▲ 图 2.1.12　机器人世界坐标方向

机器人要在世界坐标 WORLD 下做直线运动,如图 2.1.13 所示。用[COORD]键将"关节"状态切换到"世界",示教器面板显示"世界",完成以下操作:机器人以 20％的速度,把轨迹笔对准工作台上的工件尖端,如图 2.1.14 所示。

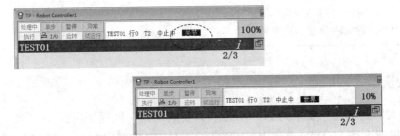

▲ 图 2.1.13　关节坐标与世界坐标

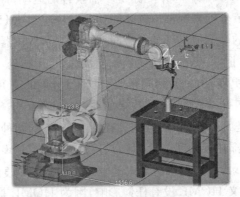

▲ 图 2.1.14　直线运动任务

提示 ••••••••••••••••••••••••••••••••••••

在图 2.1.8 中,控制关节运动的按键上有 X、Y、Z 的标记。这些按钮有两种功能,关节坐标下是控制相应轴的运动,世界坐标下按键的功能改变为图 2.1.12 所示的直线运动功能,具体功能见表 2.1.1。[+V]、[-V]按钮用于选择示教的速度。

表 2.1.1 运动按键功能

按键	JOINT 关节坐标	WORLD 世界坐标
-X/-J1	第一轴负方向单轴运动	所带工具(如焊枪)向世界坐标 X 负方向直线运动
+X/+J1	第一轴正方向单轴运动	所带工具向世界坐标 X 正方向直线运动
-Y/-J2	第二轴负方向单轴运动	所带工具向世界坐标 Y 负方向直线运动
+Y/+J2	第二轴正方向单轴运动	所带工具向世界坐标 Y 正方向直线运动
-Z/-J3	第三轴负方向单轴运动	所带工具向世界坐标 Z 负方向直线运动
+Z/+J3	第三轴正方向单轴运动	所带工具向世界坐标 Z 正方向直线运动
-X/-J4	第四轴负方向单轴运动	以建立的工具坐标向其 X 负方向直线运动
+X/+J4	第四轴正方向单轴运动	以建立的工具坐标向其 X 正方向直线运动
-Y/-J5	第五轴负方向单轴运动	以建立的工具坐标向其 Y 负方向直线运动
+Y/+J5	第五轴正方向单轴运动	以建立的工具坐标向其 Y 正方向直线运动
-Z/-J6	第六轴负方向单轴运动	以建立的工具坐标向其 Z 负方向直线运动
+Z/+J6	第六轴正方向单轴运动	以建立的工具坐标向其 Z 正方向直线运动
-/J7	附加轴 J7 负方向单轴运动	
+/J7	附加轴 J7 正方向单轴运动	
-/J8	附加轴 J8 负方向单轴运动	
+/J8	附加轴 J8 正方向单轴运动	

四、让机器人回原点

让机器人回到本任务要求的 HOME 点,只要解决两个问题即可:

(1)让机器人回 HOME 点用 JOINT 坐标还是 WORLD 坐标 HOME 点大部分是要各轴回到零刻度线位置,WORLD 世界坐标是多轴联合的运动,JOINT 关节坐标是单轴的运动。毫无疑问,采用关节坐标来调整位置才能让各轴快速到达 HOME 点位置。

(2)查看 HOME 点的坐标值是否与示教时一样 当示教机器人到某个点,要把这个点记录下来以便编程时用,记录点的方法为:示教器在打开状态,使能开关有效,同时按[SHIFT]和[F1]键;若要更新某个点,则同时按[SHIFT]键和[TOUCHUP(F5)]键。

关节坐标下 P[1]点和 P[2]点的记录效果如图 2.1.15 所示。在图 2.1.15(b)中,界面显示的 P[2]点的数值就是 HOME 点的数据。在图 2.1.15 的两种显示方式中,除第五轴偏离零刻度-10°外,其他轴都在零刻度位置,但 J1、J2、J3 轴都不是零度,原因是机器人控制系统对各条轴的零点早有记录,人为观察机器人的轴是否回到零刻度线,肯定存在偏差。但这些偏差对机器人技术员定义 HOME 没有任何影响,因为 HOME 是自主定义的安全点和任务起始点,不是校准机器人零位的点。

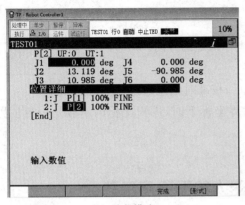

（a）关节模式

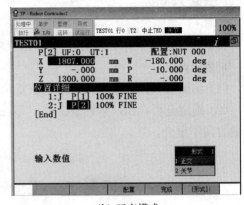

（b）正交模式

▲ 图 2.1.15　两种查看点位置值的方法

工程经验 ••••••••••••••••••••••••••••••

1. 在 HOME 点处,不需对机器人第六轴的角度或位置作强制要求。

机器人第六轴可以超过 360°旋转,标注零刻度作用不大,机器人调整好一～五轴的姿态后,第六轴根据机器人所带工具的管道、线路调整,不至于紧绷影响工作。

2. WORLD 坐标下调试时,出现奇异点,机器人动不了,要切换到 JOINT 坐标解决

机器人出现奇异点时,在世界坐标下是不能动作的。但关节坐标下可以运动,切换到关节坐标后调整各轴位置,使机器人离开奇异点再重新示教即可。

任务评价

完成本任务后,根据考证考点,请你按表 2.1.2 检查自己是否学会了考证必须掌握的内容。

表 2.1.2　机器人手动操作评价表

序号	鉴定评分点	是/否	备注
1	按流程正常启动、停止机器人		
2	能安全操作机器人,无碰撞		
3	能识别急停按钮,根据外部危险及时操作		
4	能使用示教器单轴、线性地定点控制机器人		
5	能够根据工作任务选择关节坐标、世界坐标、工具坐标		
6	能调整机器人位置、姿态、速度等参数		

故障判断

机器人在世界坐标下运动时,偏离笛卡尔坐标预定的方向。

可能故障:

(1)编码器数据丢失。执行零点恢复功能后,校准时偏差大,只能重新校准。

(2)确定是否在用户坐标下工作。不在世界坐标下时,用户坐标的示教是否与世界坐标的方向不重合。

▶任务二 工业机器人绘图程序示教

 学习目标

> 1. 会应用机器人运动指令绘制典型简笔画的切割轨迹。
> 2. 能根据实际任务和工作要求设定进给速率、轨迹间过渡方式。
> 3. 能根据实际任务规划最优工作路径并编程。
> 4. 能使用示教器设置示教位置点和新建、保存、加载程序。

 任务描述

联华公司机器人切割工作站第一期主要承担 3 mm 厚低碳钢板的平面切割,切割图案根据订单要求调整。作为工程部的机器人调试员,你被指派承担其中一个工作站的自行车图样切割轨迹编程,切割图样由客户提供,如图 2.2.1 所示。客户提出的工艺要求,图样的每条轨迹偏差不能超过 1 mm。工程部主管要求,不能出现机器人碰撞报警和损坏轨迹笔,否则以严重生产事故处理。

▲ 图 2.2.1 自行车简笔画

任务分析

一、工作轨迹规划分析

简笔画中,每条封闭的轨迹间是独立的,不能用"在一条轨迹结束时开始下一条轨迹"的方法来减少机器人轨迹笔运动过程的定点。采用另外的思路,先从左到右、从上到下绘制独立的模块,再绘制零散的轨迹。因此,机器人绘制轨迹的顺序为:把手→坐垫→后轮→前轮→支撑架。

二、定点分析

机器人工作的轨迹点越多,准确性就越高,但执行效率就会降低。因为指令的数量与轨迹点的数量是成正比的。

机器人工作点的确定原则为:两点定一直线,三点定一圆弧,圆弧必须小于等于180°,两段独立轨迹间的第一个工作点要设置逼近点。根据此原则,确定了相应轨迹的工作点和逼近点,圆弧轨迹定点时不能超过180°,如图 2.2.2 所示。如果机器人发现绘制圆弧时轨迹过渡过大,就会报警。

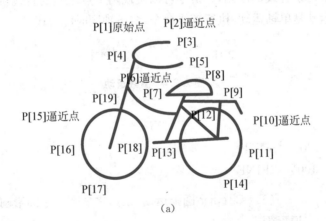

(a)

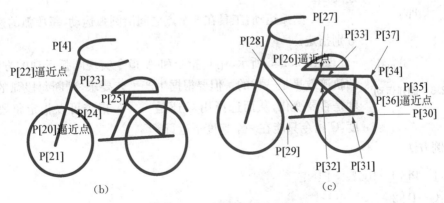

(b)　　　　　　　　　　　(c)

▲ 图 2.2.2　自行车简笔画定点

三、运动指令分析

机器人在执行搬运、码垛、喷涂、焊接、装配等任务时,其轨迹都可划分为直线、圆弧两种,因此学习机器人的编程指令从直线和圆弧指令入手。

（一）Joint 关节运动:工具在两个点之间的运动

图 2.2.3 是关节运动指令 J 实现两点间的运动轨迹,关节运动一般是带有不规则弧度的运动,弧度的大小跟机器人运动的速度有关。

P[1]   P[2]

▲ 图 2.2.3　关节运动实现两点间移动

举例

```
1:J  P[1]  100%  FINE
2:J  P[2]  100%  FINE
```

（二）Liner 直线运动:工具在两个点之间沿直线运动

根据两点确定一条直线的原则,L 指令可以实现两个点之间的直线轨迹,如图 2.2.4 所示。机器人关节运动是单轴运动,执行直线命令,多条轴同时配合运动。

P[1]   P[2]

▲ 图 2.2.4　直线运动

举例

```
1:J  P[1]  100%  FINE
2:L  P[2]  100%  FINE
```

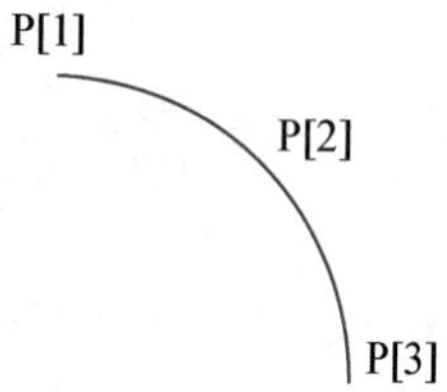

（三）Circular 圆弧运动:工具在 3 个点之间沿圆弧运动,每段弧的速度固定

Arc 圆弧运动:工具在 3 个点之间沿圆弧运动,每段弧的速度可以分别指定。

如图 2.2.5 所示,用 C 指令和 A 指令实现圆弧运动的方法,实现的轨迹效果是一样的。但要根据生产工艺要求,判断每段弧的运动速度是否要变化,从而选择用 C 还是 A。A 指令可以指定每段弧的速度,C 指令只能在一个速度下运行。

P[1]

P[2]

P[3]

▲ 图 2.2.5　圆弧运动

举例方法 1

```
1:J  P[1]  100%  FINE
2:C  P[2]
     P[3]  200mm/sec  FINE
```

举例方法 2

1：A　P[1]　200mm/sec FINE
2：A　P[2]　200mm/sec FINE
3：A　P[3]　200mm/sec FINE

用 C 指令时，记录完 P[2]后会出现

C　P[2]
P[…]　200mm/sec　FINE

光标移到 P[…]处，示教机器人到第三点，按[SHIFT]＋[F3](TOUCHUP 修补)记录圆弧第三点。

（四）运动指令使用要素

运动指令使用要素包括：

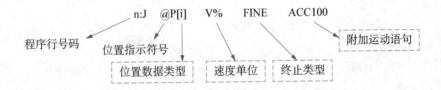

1. 位置数据类型

（1）P[　]　一般位置。

（2）PR[　]　位置寄存器，例如：

J　PR[1]　100%　FINE

A 指令画弧

2. 速度单位(对应运动类型)

（1）J　%，全速百分比；sec，秒；msec，毫秒。

（2）L 与 C　mm/sec，cm/min，inch/min，deg/sec，sec，msec(inch 英寸，deg 角度)。

3. 终止类型

（1）FINE　细小的，精细的。

（2）CNT(0～100)　平滑度，例如：

L　P[2]　2000mm/sec　CNT100

① 程序的第一步和最后一步，必须将运动方式设置为 FINE；如果机器人在移动的过程中振荡、猛地一拉一撞、有较多点在一个坐标附近，应该输入运动结束方式 FINE。

② CNT＝0 与 FINE 等效。

③ 用 CNT 时，示教起始点和结束点机器人的姿态不要有太大变化，出现经常的报错"MOTN-023 STOP singularity 奇异点"表示 J5 轴在 0°接近了，示教中出现此报警应在 JOINT 坐标下调开 0°位置(或者将运动指令改成 J，或者修改机器人位置姿态以避开奇异点，或者附加运动指令)，并按[RESET]键消除报警。

4．附加运动语句

（1）腕关节运动：W/JNT。

（2）加速倍率：ACC。

（3）转跳标记：SKIP LBL[ ]。

（4）偏移：OFFSET。

（五）CNT、FINE 指令过渡方式的区别

CNT 指令实现带圆弧的过渡，FINE 指令实现是带尖角的过渡，CNT＝0 与 FINE 等效。在不同速度和半径下，CNT 指令的过渡区别如图 2.2.6 所示。

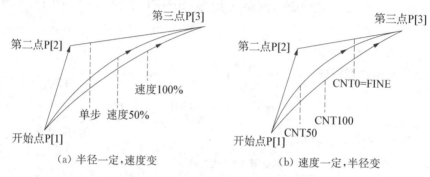

（a）半径一定，速度变　　　　（b）速度一定，半径变

▲ 图 2.2.6　CNT 指令不同速度、半径下的比较

 任务准备

一、牢固安装轨迹笔

由于本任务是真正切割前的轨迹试验，割枪和金属钢片没有直接接触，距离为 4～10 mm。在割枪头上加装轨迹笔，轨迹笔与简笔画之间是直接接触的，因此轨迹笔的笔尖在割嘴与简笔画之间，范围在 4～10 mm。只要绘制的简笔画每一笔都清晰，实际切割时撤掉轨迹笔，就能保证每条切割轨迹的加工高度是恒定的，切割口径统一。

二、合理布局工作台及加工件

机器人与工作台之间的距离是固定的，但简笔画放置的位置可以通过调整夹具来调节，放置简笔画，要让机器人"够得着"，运动路径短，对点时不易出现奇异点。

 任务实施

一、程序创建过程

示教器本身没有存储功能，它是人与机器人对话交流的工具，而对话的语言就是指令。FANUC 机器人程序创建的步骤如下：

（1）在图2.2.7（a）所示界面中，使能开关有效，模式开关打到ON位置，按［F2］［CREAT］（创建），进入图2.2.7（b）所示界面。

（2）输入程序名称，［ENTER］键确认，进入图2.2.7（c）所示界面，再次按［ENTER］键，进入图2.2.7（d）所示界面。程序名称规定为英文字母加数字的组合；RSR、PNS开头的程序是自动运行的程序，名称固定，必须为RSR/PNS开头。

（3）在图2.2.7（d）所示界面中，按［NEXT］键，打开图2.2.8所示指令插入（INST）和指令编辑（EDCMD）界面。

程序创建、
管理、编辑

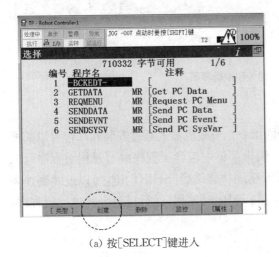

（a）按［SELECT］键进入

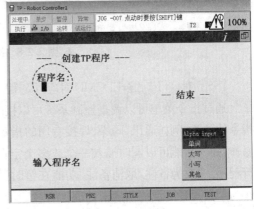

（b）创建程序界面

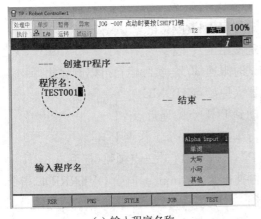

（c）输入程序名称

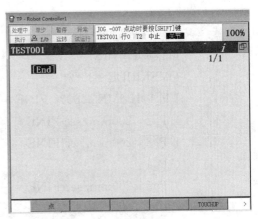

（d）创建成功

▲ 图2.2.7 程序创建步骤

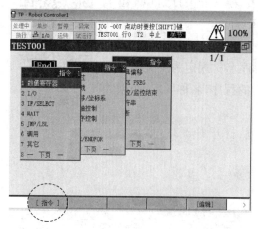

(a) 指令菜单

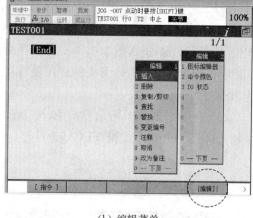

(b) 编辑菜单

▲ 图2.2.8　指令插入和编辑界面

INST 对应[F1]键,EDCMD 对应[F5]键。

通过指令菜单可以调查控制系统可以接受的指令。一些机器人通过安装软件包可以扩充指令的种类,例如通讯、码垛、焊接专用的指令。编辑菜单中包含了程序编写过程对程序行的操作,插入功能可以同时插入一个或多个空白行;删除功能结合[SHIFT]键,可以连续删掉多行程序。"改为备注/取消备注"功能在暂时屏蔽某行程序时使用,运行过程会跳过此行程序,作为给编程者阅读的信息来处理。

二、程序编写

程序如下:

1：	UFRAME_NUM=1	指定使用用户坐标1
2：	UTOOL_NUM=1	指定使用工具坐标1
3：	OVERRIDE=30%	调试时限速30%,实际运行可以删除此行
4：	J P[1:HOME] 100% FINE	机器人原始点 HOME
5：	L P[2] 200mm/sec FINE	运动到 P[3]点的逼近点
6：	L P[3] 200mm/sec FINE	自行车把手第一个工作点 P[3]
7：	C P[4]	以 P[3]、P[4]、P[5]三点画弧(把手)
	P[5] 200mm/sec FINE	绘制速度为 200mm/s,但受 OVERRIDE 指令限制
8：	J P[6] 100% FINE	运动到坐垫 P[7]的逼近点
9：	L P[7] 200mm/sec FINE	坐垫的第一个工作点
10：	C P[8]	以 P[7]、P[8]、P[9]三点画弧
	P[9] 200mm/sec FINE	

11：	L P[7] 200mm/sec FINE	从 P[9]向 P[7]画直线
12：	J P[10] 100% FINE	运动到后轮 P[11]的逼近点
13：	L P[11] 200mm/sec FINE	后轮的第一个工作点
14：	C P[12] P[13] 200mm/sec FINE	以 P[11]、P[12]、P[13]绘制后轮的上半段
15：	C P[14] P[11] 200mm/sec FINE	以 P[13]、P[14]、P[11]绘制后轮的下半段
16：	J P[15] 100% FINE	运动到前轮 P[16]的逼近点
17：	L P[16] 200mm/sec FINE	前轮的第一个工作点
18：	C P[17] P[18] 200mm/sec FINE	以 P[16]、P[17]、P[18]绘制前轮的下半段
19：	C P[19] P[16] 200mm/sec FINE	以 P[18]、P[19]、P[16]绘制前轮的上半段
20：	J P[20] 100% FINE	运动到前轮支撑杆 P[21]的逼近点
21：	L P[21] 200mm/sec FINE	前轮支撑杆第一个工作点
22：	L P[4] 200mm/sec FINE	P[21]向 P[4]绘制直线
23：	J P[22] 100% FINE	运动到连杆 P[23]的逼近点
24：	L P[23] 200mm/sec FINE	连杆第一个工作点
25：	C P[24] P[25] 200mm/sec FINE	以 P[23]、P[24]、P[25]绘制连杆圆弧
26：	J P[26] 100% FINE	开始画坐垫支撑杆
27：	L P[27] 200mm/sec FINE	
28：	L P[28] 200mm/sec FINE	
29：	L P[29] 200mm/sec FINE	
30：	L P[30] 200mm/sec FINE	
31：	L P[31] 200mm/sec FINE	
32：	L P[32] 200mm/sec FINE	
33：	L P[33] 200mm/sec FINE	
34：	L P[34] 200mm/sec FINE	
35：	L P[35] 200mm/sec FINE	
36：	J P[36] 100% FINE	逼近点
37：	L P[31] 200mm/sec FINE	
38：	L P[37] 200mm/sec FINE	
39：	J P[1:HOME] 100% FINE	机器人原始点 HOME
	END	

机器人在两段独立轨迹间运动,在从一段轨迹移到下一段轨迹时,为了机器人不碰撞周边夹具和工件,采用 J 指令移动到下一段轨迹的第一个工作点的附近,这样由逼近点到工作点可以快速移动。机器人在不同轨迹之间运动时,不至于姿态变化太大而报警。

 任务评价

完成本任务的操作后,根据考证考点,请你按表 2.2.1 检查自己是否学会了考证必须掌握的内容。

表 2.2.1　机器人平面切割简笔画轨迹操作评价表

序号	鉴定评分点	是/否	备　注
1	能使用示教器创建新程序,会复制、粘贴、重命名程序		
2	根据任务要求,使用直线、圆弧、关节等运动指令示教编程		
3	能根据实际,修改直线、圆弧、关节等运动指令的参数		

易错点 ●●●

关节坐标下示教,用直线命令来执行

如图 2.2.9(a)所示,用 JOINT 坐标示教就要用 J 指令记录该点。若把指令强制改成图 2.2.9(b)中的 L 指令,程序在执行时不会检查逻辑错。虽然都是从一个点移动到另一个点,但运动的轨迹和机器人姿态的变化不同,往往导致机器人碰撞工件。图 2.2.9(b)正确的做法是在 WORLD 世界坐标或 USER 用户坐标下示教。

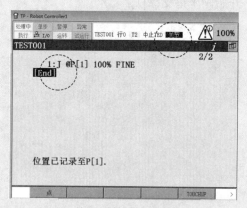

（a）关节坐标下用 J 指令记录

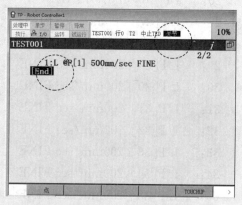

（b）世界坐标下用 L 指令记录

▲ 图 2.2.9　示教时使用的坐标与运动指令不匹配

任务三 工业机器人绘图程序运行与调试

 学习目标

> 1. 理清程序单步、连续运行的步骤，执行单步、连续运行并调试。
> 2. 能根据循环执行的规则，设置程序执行循环运行操作。

 任务描述

在示教完成交付使用时，机器人必须进入自动运行状态。FANUC 机器人通过配置信号实现自动运行，安全性高，但步骤复杂，容易出错。切割工作站的程序不涉及复杂算法，可以用循环运行的方式实现自动运行，而不采用配置信号的方法。经工程部研究，决定采用循环运行的方式执行切割程序。你作为机器人调试员，要理清工作思路，梳理出 FANUC 机器人手动运行和自动运行的步骤流程图；编写好切割轨迹程序，先手动模式下试运行，再按照绘制的自动运行设置流程图操作，实现自动运行。运行过程若出现危险，马上按下机柜急停按钮或示教器急停按钮，排除危险后从 HOME 点重新恢复运行。

任务分析

一、操作示教器实现程序顺序单步、逆序单步、顺序连续执行

手动运行的操作流程图如图 2.3.1 所示，在顺序单步、顺序连续、逆序单步的执行过程中，若以下任一信号断开，机器人都会在当前执行的程序行暂停：[DEADMAN]、[SHIFT]、示教器急停、控制柜急停、[HOLD]、[IMSTP]。

二、操作机器人单周期自动运行

FANUC 机器人在设计时把安全放在了第一位，其外围系统有一套规范的体系。这套体系规定，机器人输入的信号满足了要求才能进入自动运行，其实现步骤框架如图 2.3.2(a)所示。设置的细节较多，比手动运行的设置环节要复杂，适用于多个不同功能的任务由同一个机器人完成，或安全信号较多的场合。只有一个工作任务的程序，且外围安全信号数量不多的场合，可以采用循环运行的方式，让程序连续运行，如图 2.3.2(b)所示。本任务采用图 2.3.2(b)的方法。

在自动运行时，示教器急停、控制柜急停、[HOLD]键、系统 IMSTP 紧急停止信号中任何一个有输入，则进入暂停状态。

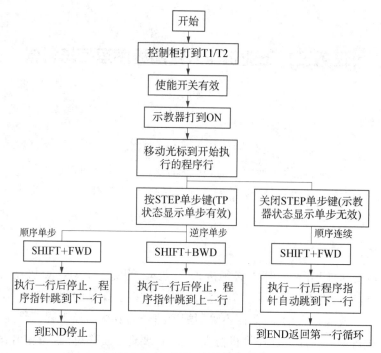

▲ 图 2.3.1 手动、连续运行流程图

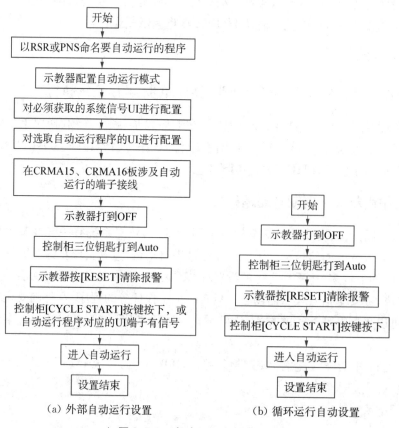

▲ 图 2.3.2 自动运行设置流程框架

三、操作机器人连续循环自动运行

　　程序最后一行为 END 指令,表示程序结束不再向下执行;与 PLC 不同,PLC 采用循环扫描的方式执行程序,到 END 就会自动跳回第一行重新执行。因此,要实现机器人程序不断循环执行从而实现自动运行,需要让机器人的程序执行到 END 行能跳回程序开头重新执行,如图 2.3.3 所示,在程序开头加入标号 LBL,在 END 前加入跳转指令 JMP,执行一次,程序跳转回程序开头,重新执行。

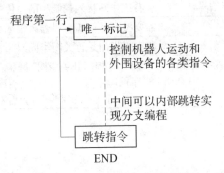

▲ 图 2.3.3　程序循环自动执行原理

任务准备

一、程序中加入跳转指令实现循环

任务二的程序修改如下:

```
1：    LBL[1]                        标号
2：    UFRAME_NUM＝1
3：    UTOOL_NUM＝1
4：    OVERRIDE＝30％
       ⋮
41：   JMP LBL[1]                    跳转到指定标号 LBL[1]处执行
       END
```

二、查看报警记录,解决常见报警

　　进入如图 2.1.10 所示的界面,查看影响启动的常见故障,若出现表 2.3.1 的情况,则按指引排查解决。没有解决影响启动的报警,机器人不能进入手动和自动运行。

表2.3.1　常见故障排除

故障代码	故障原因	解决方法指引
SRVO-005	机器人某条轴超过了限位开关的位置	1. 检查机器人是否发生了碰撞，导致某轴超越最大行程。若有，在报警界面先解除系统超程报警，再同时按[SHIFT]和[RESET]键清除报警，最后在关节坐标下把机器人超行程的轴调回规定范围； 2. 若伺服器或限位开关损坏，则联系机器人供货商更换部件
SRVO-030	外部暂停信号输入	查看工作站接入控制柜的暂停按钮是否被按下，是则松开
SRVO-037	输入了外部急停信号	查看工作站接入控制柜的急停按钮是否被按下，是则松开
SRVO-038	零点丢失	需要按照FANUC机器人说明书零点恢复的方法，复归零点
SRVO-105	机柜门开关处于断开状态	检查机柜门是否关闭牢固
SRVO-213	控制柜内急停板的保险丝熔断	1. 向上推柜门开关，在控制柜门打开的状态下开启电源，观察保险组旁的LED灯是否亮，亮则为保险丝烧坏； 2. 更换同型号的保险丝，查看双击停回路是否存在短路

 任务实施

一、手动运行

按图2.3.1手动执行顺序单步、逆序单步、顺序连续运行。程序执行时不一定从第1行开始调试，如图2.3.4所示，可以定位到第6行开始执行，但必须保证机器人从当前姿态运动到第6行P[3]点的姿态时动作变化不至于幅度太大，否则机器人会出现"不能到达"的报警。报警栏没有出现有效报警就能在T1或T2模式下，同时[SHIFT]+[FWD/BWD]键开始执行。

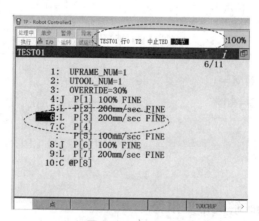

▲ 图2.3.4　光标定位

在状态信息栏中，黄色背景的文字功能是有效的，绿色背景的文字功能是没有出现的，如图2.3.5所示，当按下一次单步按钮[STEP]，状态栏的"单步"功能就会变成图2.3.5(b)所示的黄色背景。运行过程中不用关注是在什么坐标状态下，因为示教过程每个点用什么坐标,执行该程序时就自然会以该坐标执行光标指向的程序行,因此图 2.3.5 的关节坐标状态只代表最后一次采用关节坐标示教了一个点,不是整个程序在关节坐标下运行。

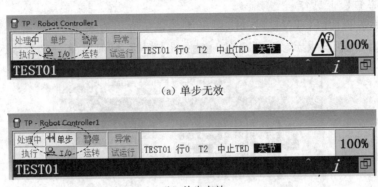

(a) 单步无效

(b) 单步有效

▲ 图 2.3.5 状态栏信息

二、循环执行实现自动运行

按图 2.3.2(b) 的流程图操作,让程序进入循环执行模式,此时控制柜"CYCLE START"按钮对应的指示灯亮起,如果执行过程程序被急停信号等外围意外信号中断了程序执行,则"CYCLE START"灯会熄灭。

 任务评价

完成本任务的操作后,根据考证考点,请你按表 2.3.2 检查自己是否学会了考证必须掌握的内容。

表 2.3.2 机器人平面切割程序运行操作评价表

序号	鉴定评分点	是/否	备注
1	通过示教器或控制柜设置机器人手动、自动运行		
2	能使用单步、连续等方式运行机器人程序		
3	能操作机器人从指定程序行开始向下执行		
4	能排除机器人常见故障		

技巧

程序中断后再次运行

自动运行前先手动运行,观察是否正常,准备随时按下急停。示教过程中,独立的轨迹能运行但不代表整个程序能运行。程序中断后恢复,往往不能再次从头开始运行;有时定位到中断前程序行,再次运行,也不能向下执行,要重启机器人控制柜电源才能恢复正常,极其不便。解决技巧有两个:

(1) 将光标定位到 END,执行该行一次([SHIFT]+[FWD]),强制结束程序;再到程序第一行重新向下执行。

(2) 按示教器的[FCTN]功能键,调出图 2.3.6 所示的菜单,在中断的程序行执行"中止程序"后,把机器人示教到程序第一个位置点附近,即可从第一行开始运行程序。

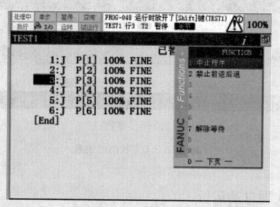

▲ 图 2.3.6　按示教器的[FCTN]键调出"中止程序"功能

▶ 任务四　工业机器人等离子切割机的现场操作与编程

 学习目标

1. 能根据切割机的 I/O 信号设计机器人和切割机的控制电路。

2. 从实际切割的控制出发修改原轨迹程序,使机器人与焊机配合完成切割任务。

3. 学会控制示教过程的运行速度。

4. 能选择和加载前面保存的程序,通过插入指令、复制、粘贴、删除等操作修改原程序。

5. 能正确配置机器人自动运行信号,实现自动运行。

 任务描述

等离子切割机的参数已由工程师设置好,要切割的图案轨迹在机器人手动运行下试验通过,在完成切割轨迹的过程中要控制切割机起弧和收弧。作为机器人现场调试员,请你完成以下工作:

（1）绘制机器人与焊机的接线图，并完成接线。

（2）修改轨迹程序，让机器人控制切割机与轨迹同步。

（3）施工过程中，确保设备和工作台接地良好，切割的钢板牢固定位在工作台上，空气压缩机输出的压力在 0.45 MPa 左右；注意切缝是否氧化变黑，以便即时调整切割参数和空气压力。

（4）让工作站以外部信号启动方式进入自动运行模式。

 任务分析

一、机器人与切割机信号连接分析

机器人控制切割机引燃和熄弧，输出信号 DO 或 RO 电压为直流 24 V。这一电压不能给切割机的控制信号输入端。切割机的输入信号相当于一个开关闭合，中间不需串联任何电源。因此，信号之间需要转换，接线图如图 2.4.1 所示，DO[101]信号控制直流继电器 KM1，再将 KM1 的触点接到焊机的引燃信号端。为加强线路的可靠性，DO 的回路加了熔断器防止短路。

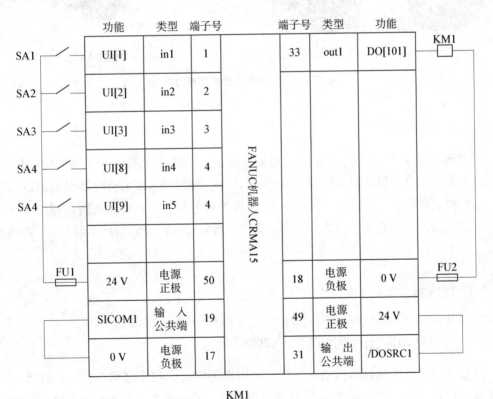

▲ 图 2.4.1　机器人与切割机的接线图

常用的 24 V 直流继电器，除继电器主体外还配有底座，安装在控制柜的导轨上，如图 2.4.2 所示。可根据底座的编号，对应继电器的线圈、常开触点、常闭触点接线。

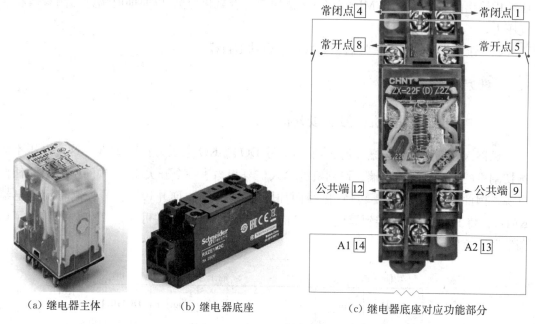

（a）继电器主体　　　（b）继电器底座　　　（c）继电器底座对应功能部分

▲ 图 2.4.2　继电器接线底座与外观

二、程序修改思路

引燃前，割枪的喷嘴先喷出空气，为电离作准备。引燃后，割枪向切割方向匀速移动，切割速度不能太慢以免影响切换质量；切割完毕，应先关闭割枪，压缩空气延时喷出以冷却割枪。切割机自动控制空气引燃时延时喷出，关焊枪时延时关闭。机器人到达切割程序的工作点时，应延时 0.5 s 再向切割方向移动。完成一段轨迹，应关闭割枪，延时 0.5 s 再离开结束点。

 任务准备

一、将要自动运行的程序以"RSR2020"命名

通过外部信号实现自动启动的程序不能用自主定义的程序名称，必须以 RSR 或 PNS 开头加 4 位数字组成。RSR 开头的程序可以定义 8 个，RSR1～RSR8 分别对应 UI[9]～UI[16] 来启动；PNS 开头的程序可以定义 2^8 个，由 UI[9]～UI[16] 组成的二进制数值来启动。

本任务采用 RSR 方式命名，如图 2.4.3 所示，把程序命名为 RSR2020。设置系统变量

$SHELL_CFG. $JOB_BASE 的值设为 2000（即 RSR 的基本程序编号是 2000）。RSR1 对应 UI[9]信号，RSR1 对应的值为 20；则 UI[9]有信号输入，RSR2020 程序被启动。

▲ 图 2.4.3　RSR 程序执行规则

1. 建立 RSR2020 程序

［SELECT］选择 → 创建 → RSR2020 → ［ENTER］→如图 2.4.4 所示界面→［ENTER］→编写切割轨迹程序（任务二中的程序）。

2. 设置基数值和 RSR1 的值

自动运行的程序号＝RSR 程序号码＋基准号码。本任务要运行 RSR2020 程序，设置如下：

（1）MENU 菜单→设置→选择程序→如图 2.4.5(a)所示界面→ENTER→进入图 2.4.5(b)所示界面。

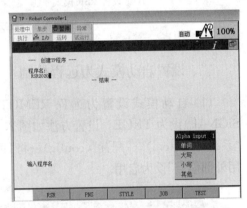

▲ 图 2.4.4　创建 RSR2020 程序

（2）把图 2.4.5(b)的程序选择模式由 PNS 改成 RSR，如图 2.4.5(c)所示→点击"详细"按钮，进入图 2.4.5(d)所示界面，设置 RSR1 的值为 20，基数为 2 000。

设置完毕，要重启机器人控制柜电源才能生效。

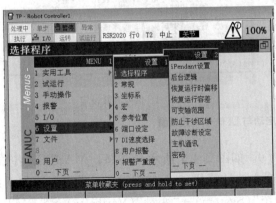

（a）进入路径

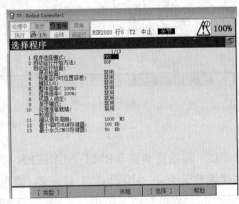

（b）选择运行程序模式与设置基数

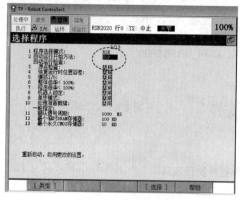 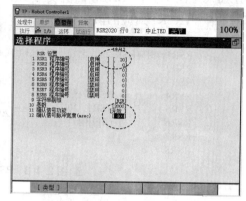

(c) 设置 RSR 模式　　　　　　(d) 设置 RSR1(UI[9])对应数值与基数

▲ 图 2.4.5　基数与 UI[9]对应的 RSR1 值设置

二、设置启动模式为远程控制

(1) 自动模式设置为远程 REMOTE 外部控制,专用外部信号有效(ENABLE UI SIGNAL)设为 TRUE　设置方法如图 2.4.6 所示:[MENU]"菜单"→"下一步"(NEXT)→"系统"(System)→"配置"(config)→将"远程(Remote)/本地(Local STEP)"设为远程,"专用外部信号"设为启用。

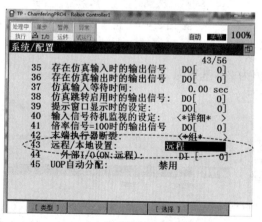 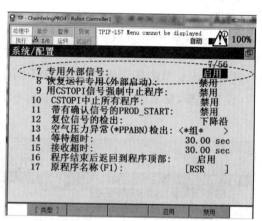

(a) 启动控制选择　　　　　　　　(b) UI 信号有效设定

▲ 图 2.4.6　外部启动与 UI 信号有效设置

(2) 将系统变量 $RMT\_MASTER 设为 0。如图 2.4.7 所示,$RMT_MASTER 各数值代表意义为:0 外围设备,1 显示器/键盘,2 主控计算机,3 无外围设备。设置方法如下:[MENU]"菜单"→"下一步"(NEXT)→"系统"(System)→"变量"(Varibales)→$RMT_MASTER 设为 0。

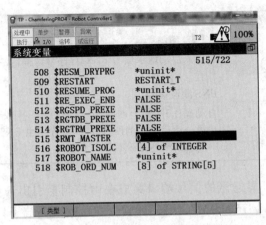

▲ 图 2.4.7 $ RMT_MASTER 设为 0

自动运行的程序没有用 RSR 或 PNS 命名的情况处理

任务二的程序是以 TEXT01 命名的,但自动运行需要 RSR 或 PNS 开头的程序名称。若重新建立程序则前功尽弃,可以采用主程序调用子程序的方法来解决:新建一个 RSR 开头的主程序,把 TEXT01 作为子程序,可在 RSR 主程序中调用。RSR 主程序只要一行程序指令"CALL TEXT01"。

三、集中配置 UI 信号

在图 2.4.1 中,要对 CRMA15、CRMA16 板进行必要的硬件接线才能通过示教器配置,涉及自动运行的系统输入信号 UI,见表 2.4.1。其中,UI[1]、UI[2]、UI[3]、UI[8]必须获得信号 ON 程序才能进入自动运行。

表 2.4.1 机器人系统输入信号 UI

逻辑编号	名 称	信 号 功 能	配置要求
UI[1]	IMSTP	紧急停机信号(正常状态:ON)	始终 ON
UI[2]	Hold	暂停信号(正常状态:ON)	可以使用
UI[3]	SFSPD	安全速度信号(正常状态:ON)	始终 ON
UI[4]	Cycle Stop	周期停止信号,结束当前执行的程序。(与系统设置有关,通过 RSR 解除待命状态的程序)	可以使用
UI[5]	Fault reset	报警复位信号(正常状态:ON)	可以使用
UI[6]	Start	启动信号(信号下降沿有效),遥控状态时有效:TP 使能开关断开,遥控信号 SI[2]为 ON、UI[3]为 ON、系统变量 $ RMT_MASTER 为 0	可以使用
UI[7]	Home	回 HOME 信号(需要设置宏程序)	可以使用
UI[8]	Enable	使能信号(正常状态:ON),允许机器人工作	始终 ON

续　表

逻辑编号	名称	信号功能	配置要求
UI[9~16]	RSR1~RSR8/ PNS1~PNS8	机器人启动请求信号 RSR/程序号选择信号 PNS	按程序配置
UI[17]	PNSTROBE	PNS 滤波信号	可以使用
UI[18]	PROD_START	自动操作开始(生产开始)信号(信号下降沿有效,从第一行启动当前所选程序,程序可由 PNS 选择或示教器选择),遥控状态下有效	可以使用

　　Mate 型控制柜与外界通讯的信号端口集成在由控制柜引出来的 CRMA15、CRMA16 板上。这些信号在 CRMA15、CRMA16 板上"软分配",输入类端子只要分配给输入信号即可。至于某个输入端子分配给哪个系统输入信号 UI,或哪个外围输入信号 DI,则由用户通过示教器设定。

　　根据表 2.4.1,由于本项目的程序只有一个,采用 RSR 的方式启动,需要配置到 CRMA15 输入端子的有 UI[1]、UI[3]、UI[8]、UI[9]。配置方法如下:在示教器 ON 状态下,[MENU]→I/O→UOP→[F2](分配)→[F3](IN/OUT)→进入图 2.4.8(a)所示界面,配置后如图 2.4.8(b)所示。让 UI[1]、UI[2]、UI[3]、UI[8]、UI[9]分别对应 CRMA15 的输入端子 in1、in2、in3、in4、in5。

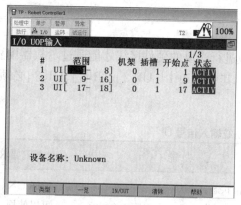

(a) UI 配置前

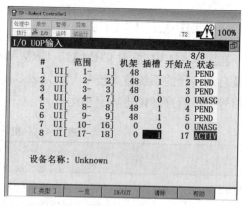

(b) UI 配置后

▲ 图 2.4.8　UI 分配

关键点 ●●

　　配置结束必须重启控制柜电源让设置生效,图 2.4.8(b)显示的 PEND 状态变成生效状态 ACTIV。

　　"48 号机架,插槽 1"是 FANUC 机器人 Mate 型控制柜的固定分配和接法,出厂时已设置好,用户不需修改。

任务四 工业机器人等离子切割机的现场操作与编程

思考

为何分配 UI 端子不连续分配?

图 2.4.8 中各个 UI 端子逐一配置,也可以连续配置。如 UI[1~8]从开始点 1 开始分配,则 UI[1~8]分别对应 CRMA15 的 in1~in8 八个输入端子。但 CRMA15、CRMA16 板加起来才有 28 个输入信号可以使用,为了节约端口,用到的才分配,所以采用了图 2.4.8 所示按需分配的方法。

由于图 2.4.1 用到输出信号 DO[101],因此要配置 DO[101]。如图 2.4.9 所示,把 DO[101]配置到 CRMA15 的输出端子 out1。配置方法如下:在示教器 ON 状态下,"菜单"→"数字"→UOP→[F2](分配)→[F3](IN/OUT),修改为图 2.4.9 所示的配置。

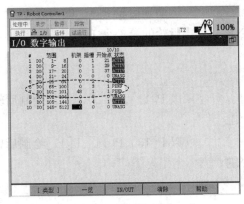

▲ 图 2.4.9 配置 DO[101]

端口配置

 任务实施

根据以上分析,把任务二的轨迹程序修改如下,按任务三的方法自动运行,程序命名为 RSR2020:

```
1:   UFRAME_NUM=1
2:   UTOOL_NUM=1
3:   OVERRIDE=30%
4:   J P[1:HOME]100% FINE        机器人原始点 HOME
5:   L P[2] 200mm/sec FINE       运动到 P[3]点的逼近点
6:   L P[3] 200mm/sec FINE       第一个工作点,切割速度控制为 200 mm/s
7:   DO[101]=ON                  开启焊枪
8:   WAIT .50(sec)               延时喷气
9:   C P[4]                      开始切割
     P[5] 200mm/sec FINE
```

2-35

10：	DO[101]＝OFF	关闭焊枪
11：	WAIT ．50(sec)	延时喷气
12：	J P[6] 100％ FINE	运动到坐垫 P[7]的逼近点
13：	L P[7] 200mm/sec FINE	坐垫的第一个工作点
14：	DO[101]＝ON	
15：	WAIT ．50(sec)	
16：	C P[8]	以 P[7]、P[8]、P[9]三点画弧
	P[9] 200mm/sec FINE	
18：	L P[7] 200mm/sec FINE	从 P[9]向 P[7]画直线
19：	DO[101]＝OFF	
20：	WAIT ．50(sec)	
21：	J P[10] 100％ FINE	运动到后轮 P[11]的逼近点
22：	L P[11] 200mm/sec FINE	后轮的第一个工作点
23：	DO[101]＝ON	
24：	WAIT ．50(sec)	
25：	C P[12]	以 P[11]、P[12]、P[13]绘制后轮的上半段
	P[13] 200mm/sec FINE	
26：	C P[14]	以 P[13]、P[14]、P[11]绘制后轮的下半段
	P[11] 200mm/sec FINE	
27：	DO[101]＝OFF	
28：	WAIT ．50(sec)	
29：	J P[15] 100％ FINE	运动到前轮 P[16]的逼近点
30：	L P[16] 200mm/sec FINE	前轮的第一个工作点
31：	DO[101]＝ON	
32：	WAIT ．50(sec)	
33：	C P[17]	以 P[16]、P[17]、P[18]绘制前轮的下半段
	P[18] 200mm/sec FINE	
34：	C P[19]	以 P[18]、P[19]、P[16]绘制前轮的上半段
	P[16] 200mm/sec FINE	
35：	DO[101]＝OFF	
36：	WAIT ．50(sec)	
37：	J P[20] 100％ FINE	运动到前轮支撑杆 P[21]的逼近点
38：	L P[21] 200mm/sec FINE	前轮支撑杆第一个工作点
39：	DO[101]＝ON	
40：	WAIT ．50(sec)	
41：	L P[4] 200mm/sec FINE	P[21]向 P[4]绘制直线

42： DO［101］＝OFF

43： WAIT　.50(sec)

44： J P［22］100％ FINE　　　运动到连杆 P［23］的逼近点

45： DO［101］＝ON

46： WAIT　.50(sec)

47： L P［23］200mm/sec FINE　　连杆第一个工作点

48： C P［24］

　　　P［25］200mm/sec FINE　　以 P［23］、P［24］、P［25］绘制连杆圆弧

49： DO［103］＝OFF

50： WAIT　.50(sec)

51： J P［26］100％ FINE　　　开始画坐垫支撑杆

52： L P［27］200mm/sec FINE

53： DO［101］＝ON

54： WAIT　.50(sec)

55： L P［28］200mm/sec FINE

56： L P［29］200mm/sec FINE

57： L P［30］200mm/sec FINE

58： L P［31］200mm/sec FINE

59： L P［32］200mm/sec FINE

60： L P［33］200mm/sec FINE

61： L P［34］200mm/sec FINE

62： L P［35］200mm/sec FINE

63： DO［101］＝OFF

64： WAIT　.50(sec)

65： J P［36］100％ FINE　　　逼近点

66： L P［31］200mm/sec FINE

67： DO［103］＝ON

68： WAIT　.50(sec)

69： L P［37］200mm/sec FINE

70： DO［101］＝OFF

71： WAIT　.50(sec)

72： J P［1:HOME］100％ FINE　　机器人原始点 HOME

　　　END

 任务评价

完成本任务的操作后,根据考证考点,请你按表 2.4.2 检查自己是否学会了考证必须掌

握的内容。

表 2.4.2　机器人平面切割程序运行操作评价表

序号	鉴定评分点	是/否	备注
1	能通过示教器设定运行速度		
2	能根据任务要求选择和加载程序		
3	能根据机器人的I/O信号设计接线图并接线		
4	能插入（含指令、空行）、复制、粘贴、删除程序行		

任务训练

学习了本项目的轨迹编程、自动运行设置、机器人与切割机的信号接线，请你完成图2.4.10 所示的简笔画切割编程。要求：

（1）当机器人输入信号 DI[102] 有效时，切割程序才能自动运行。

（2）程序命名为 RSR0020。

（3）圆弧的实现用 A 指令编写。

（4）简笔画以最优路径实现切割，切割速度为 250 mm/sec。

（5）喷气时间不低于 0.6 s。

▲ 图 2.4.10　狐狸简笔画

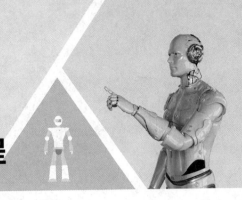

项目三
工业机器人搬运应用编程

项目情景

　　东信空调配件有限公司主要生产空调内机和外机的外壳,随着业务量的增大,去年升级改造了柜式空调外壳生产线。空调内机外壳经过裁剪、折弯后水平放置,送入流水线,由工人安装边框的密封条,之后将外壳垂直放置,由另外的工人安装导风板。但把柜式空调外壳从水平放置转为垂直放置的岗位工人干几天就离职,而且搬运时经常碰到流水线附近的部件,导致停线维修。

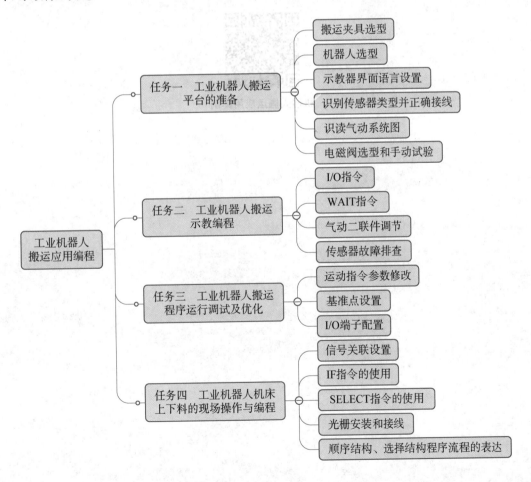

工程部现场勘查后发现,各类柜式空调内机外壳的尺寸范围为:长 500～550 mm,高 1 700～1 800 mm,厚 280～350 mm。内机外壳水平放置加工和垂直放置加工是在不同的工艺段,工艺段间过渡由一名工人搬运转换。由于内机外壳高度一般都超过工人的身高,工人移动内机外壳时摆动半径大,容易碰撞周边设备;尽管内机外壳重量在 15 kg 以下,但一天工作 8 小时,很少工人能承担这样"苦力搬运"的岗位。

东信公司现决定,过渡段的搬运工作用机器人完成。作为工程部的工程师,你负责整个搬运工作站的机器人选型、采购、安装、调试以及夹具选取等工作。

机器人搬运应用案例

任务一　工业机器人搬运平台的准备

学习目标

1. 会根据生产工艺和搬运对象选择机器人末端执行器。
2. 能够根据生产要求合理布置搬运机器人的位置。
3. 能从成本、承重、精度出发对机器人进行正确选型。

任务描述

东信公司生产的柜式空调内机外壳最重不超过 15 kg,厚度不超过 350 mm,高度不超过 1 800 mm。你要根据内机外壳的重心和尺寸,选取夹取内机外壳的工具,出具图纸后外发加工。机器人品牌众多,但精度高、使用寿命长的不多,工程部要求你马上着手选型、采购运行稳定的机器人,以便进行整个改造项目的成本预算。机器人到达生产现场后,尽快完成安装、通电检查、搬运路径规划,为示教搬运编程做准备。

任务分析

一、确定机器人型号

机器人的选型要根据应用场合、有效负载、精度、电缆寿命等分析。通用型机器人可用于码垛、雕刻、搬运、焊接、装配、切割、喷涂等领域;专用机器人针对特定的场合开发,具有独特性能的软硬件。例如,一些搬运工业机器人可以把 2 t 重的汽车举起,它的减速器负荷冲击能力比通用机器人要强。

在搬运选型中,工业机器人首先要考虑其有效负载,即机器人在其工作空间内可携带的最大载荷,包含安装在第六轴法兰上的工具重量和要搬运的工件的重量。从给出的任务可知,柜式空调内机外壳重量不超过 15 kg。机器人末端执行器在留有余量的情况下,约为 5 kg,即机器人有效负载不超过 20 kg。结合成本,考虑选用 FANUC Robot M‐20iA 型号的机器人,其参数见表 3.1.1。

表 3.1.1　M‐20iA 机器人参数

序号	项　　目	技术要求
1	型号	M‐20iA
2	最大负载	20 kg
3	可达半径	1 811 mm

续　表

序号	项　目		技术要求
4	重复精度		±0.03 mm
5	控制轴数		6 轴
6	机器人质量		250 kg
7	动作范围	J1 轴（旋转）	340°
8		J2 轴（旋转）	260°
9		J3 轴（旋转）	458°
10		J4 轴（手腕旋转）	400°
11		J5 轴（手腕旋转）	360°
12		J6 轴（手腕旋转）	900°
13	机器人安装方式		地面安装

表 3.1.1 除了对机器人的精度、可达半径给出说明外，还指定了机器人的安装位置。结合机器人 6 轴动作范围分析，该型号的机器人能完全满足生产要求。

普通机器人电缆使用寿命是 2 000～4 000 h，FANUC 机器人电缆使用寿命可以达到 24 000 h，可以降低用户维护保养成本。

二、合理选用机器人末端执行器

工业机器人的末端执行器也称做机器人夹具，是指连接在操作腕部直接用于作业的机构，如手爪、真空吸盘、电磁吸盘。不同物料和工件需要开发不同的机器人夹具。手爪适用于搬运体积不大，重心容易确定，表面可以形变的工件；吸盘用于表面不易形变的工件。针对空调外壳的特点，本任务采用吸盘型夹具。

根据空调外壳尺寸和质量考虑吸盘吸力，设计出如图 3.1.1(a)所示的夹具，为降低夹具重量，采用工业铝型材加工。A 位置的安装孔要与机器人法兰孔的尺寸、布局对应。在设计夹具时，要找到图 3.1.1(b)所示的机器人第六轴信息，否则需要采用游标卡尺自主测量。

（一）夹具吸盘选型

在图 3.1.1 中，有 8 个负压吸盘分布在夹具两边。搬运空调内机外壳时，示教机器人把夹具放到工件中间位置，用电磁阀控制负压发生器动作，负压发生器所连的吸盘将吸紧工件，搬运过程工件不会掉落。

吸盘吸力的计算是否正确决定了夹具吸盘数量设计是否合理，也决定了搬运过程是否安全。空调内机外壳以质量 15 kg 计算，其重力为 $G = 15$ kg $\times 9.8$ N/kg $= 147$ N。

图 3.1.2 所示是一款吸盘产品。市面上的吸盘材质多为黑色橡胶和白色硅胶两种；橡胶耐磨、耐油、耐水；硅胶既耐高温又耐低温，抗老化效果好。其吸力参数见表 3.1.2。负压发生器是将空气压缩机输出的空气压力转换为负压吸力，吸盘与负压发生器配对使用。图 3.1.3 所示是一款负压发生器，其参数见表 3.1.3。负压发生器不一定要带消声器，带消声器可降低工作时的噪音。

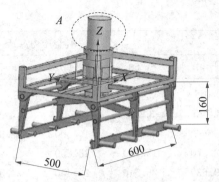

（a）搬运组合吸盘

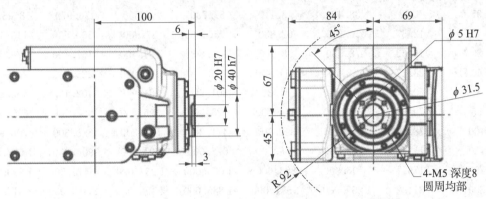

（b）安装孔信息

▲ 图 3.1.1　搬运夹具

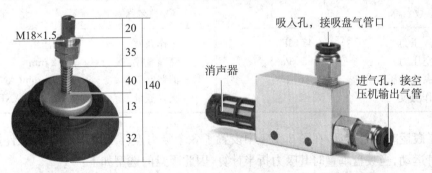

▲ 图 3.1.2　吸盘形状　　　　▲ 图 3.1.3　负压发生器

表 3.1.2　吸盘吸力参数　　　　　　　　　　　　　　单位：N

吸盘直径 /mm	吸附面积 /cm²	真空压力/kPa					
		−40	−50	−60	−70	−80	−90
2	0.031	0.126	0.157	0.188	0.220	0.251	0.283
3.5	0.096	0.385	0.481	0.577	0.673	0.770	0.866
5	0.196	0.785	0.982	1.178	1.374	1.571	1.767
6	0.283	1.131	1.414	1.696	1.979	2.262	2.545

续　表

吸盘直径 /mm	吸附面积 /cm²	真空压力/kPa					
		−40	−50	−60	−70	−80	−90
8	0.503	2.011	2.513	3.016	3.519	4.021	4.524
10	0.785	3.142	3.927	4.712	5.498	6.283	7.069
15	1.77	7.069	8.836	10.600	12.370	14.140	15.900
20	3.14	12.570	15.710	18.850	21.990	25.130	28.270
25	4.91	19.630	25.540	29.450	34.360	39.270	44.180
30	7.07	28.270	35.340	42.410	49.480	56.550	63.620
35	9.62	38.480	48.110	57.730	67.350	76.970	86.590
40	12.57	50.270	62.830	75.400	87.960	100.500	113.100
50	19.63	78.580	98.170	117.800	137.400	157.100	176.700
60	28.27	113.100	141.400	169.600	197.900	226.200	254.500
80	50.27	201.100	251.300	301.600	251.900	402.100	452.400
95	70.88	283.500	354.400	425.300	496.200	567.100	637.900
100	78.54	314.200	392.700	471.200	549.800	628.300	706.900
120	113.1	452.400	565.500	678.600	791.700	904.800	1 017.900
150	176.7	706.900	883.600	1 060.000	1 237.000	1 414.000	1 590.000
200	314.2	1 257.000	1 571.000	1 885.000	2 199.000	2 513.000	2 817.000

表 3.1.3　负压发生器参数

参数名称	数　值	参数名称	数　值
输入压力	0.45 MPa	工作介质	无油压缩空气
真空压力	−55 kPa	喷嘴直径	$\phi 1.2$ mm
最高使用压力	7 bar	消费空气	100 R/min(ANR)
工作温度	5°～50°	吸入流量	63 R/min(ANR)

　　为了搬运时稳定移动，在图 3.1.1 中设置了 8 个吸力点。工件重 147 N，工件搬运过程涉及垂直运动，当吸盘垂直时其吸力折半计算，因此吸盘的选型如下：

　　1 kPa$=0.01$ kgf/cm²，$8\times$（每个吸力点的承重/2）$=147$ N，每个吸力点的承重$=36.75$ N。

　　选用 $\phi 35$ mm 口径的吸盘，且保证空气压力在 0.45 MPa 以上。

　　（二）电磁阀选型

　　电磁阀常用于控制负压发生器或气缸动作，常见的额定电压有 5 VDC、12 VDC、24 VDC。本任务控制负压发生器动作仅一个气路方向即可，因此采用单控电磁阀，外形如图 3.1.4 所示。常见电磁阀有二位五通、二位四通、二位三通、三位五通等多种类型，本任务所选的电磁阀参数见表 3.1.4。

（a）单控电磁阀　　　　　（b）双控电磁阀

▲ 图 3.1.4　电磁阀外形

表 3.1.4　所选单控电磁阀参数

参数名称	数　值	参数名称	特　性
使用压力	$1.5\sim8$ kgf/cm^2	工作介质	无油压缩空气
最大耐压	12 kgf/cm^2	类型	二位五通
电压范围	$20\sim28$ VDC	保护等级	IP65
工作温度	$-5°\sim60°$	润滑	不需要

（三）夹具气动控制回路设计

由于吸盘安装在机器人上，如图 3.1.5 所示，为了安装方便，吸盘与负压管道之间加装快速接头，电磁阀选用直流 24 V 的型号。

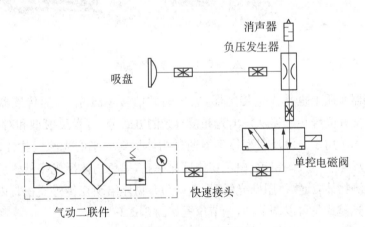

▲ 图 3.1.5　气动回路

三、正确选配传感器

（一）传感器类型选择

检测夹具上的吸盘是否吸取工件，以及工件位置，需要在流水线和夹具上安装传感器。常见的位置检测传感器有光电传感器、光纤传感器、电容传感器、电感传感器、磁性传感器，不同厂家生产的外形大同小异，如图 3.1.6 所示。

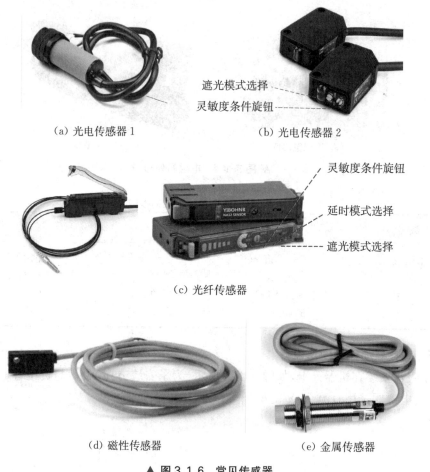

（a）光电传感器1　　　　　　　　（b）光电传感器2

遮光模式选择
灵敏度条件旋钮

灵敏度条件旋钮
延时模式选择
遮光模式选择

（c）光纤传感器

（d）磁性传感器　　　　　　　（e）金属传感器

▲ 图3.1.6　常见传感器

　　光纤传感器实质上也是光电传感器，它传输的信号是激光，普通传感器传输的是红外光。光电传感器和光纤传感器从发出光和接收光的方式分，有漫反射型和对射型两种，其工作原理如图3.1.7所示。漫反射型传感器通过物体折射回来的光感应物体的存在，其检测距离与物体的反光率有关。银色、白色物体反光率高，黑色物体反光率低。反射型传感器通过接收光来检测物体，当物体阻断光线时，则认为有物体出现在传感器视野内。一些传感器的灵敏度和出光模式是可以调节的，调节位置如图3.1.6所标。

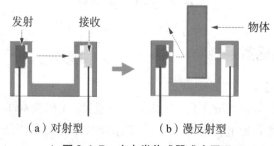

发射　　接收　　　　　　　　　物体

（a）对射型　　　　　　（b）漫反射型
▲ 图3.1.7　光电类传感器感应原理

由于空调内机外壳为铝质材料,电磁性能差,不适合磁性开关检测。光纤传感器价格高于 200 元,光电传感器在 35～65 元,选用一般的光电传感器即可。光电传感器装在夹具顶端,当机器人夹取工具后,光电传感器检测到物体,把信号传入机器人。

（二）传感器输出模式选择

传感器的输出模式有常开输出和常闭输出两种。有些传感器的型号只有常开或常闭一种输出,有些传感器常开、常闭输出成对出现。用户根据控制设计,选择信号的形式,确定用传感器的常开输出端还是常闭输出端。常开模式是当有物体挡住时,光电开关接通,没有物体时光电断开;常闭模式是有物体挡住时,光电开关断开,没有物体时光电接通。为布线方便,本任务选用漫反射常开输出光电传感器。不选常闭输出的原因是,常闭信号必须靠近反射物体,机器人运动过程难以在某点找到反射物。

（三）传感器接线类型选择

同传感器的信号接入 PLC 输入端子一样,传感器的信号要接入机器人 I/O 端子,必须按照机器人可以接收的信号模式选型和接线。

传感器引线有两线制和三线制之别,三线制接近开关又分为 NPN 型和 PNP 型,它们的接线模式是不同的。图 3.1.8 所示是传感器的接线类型,图 3.1.9 所示是从原理上分析 NPN 和 PNP 接线的区别。

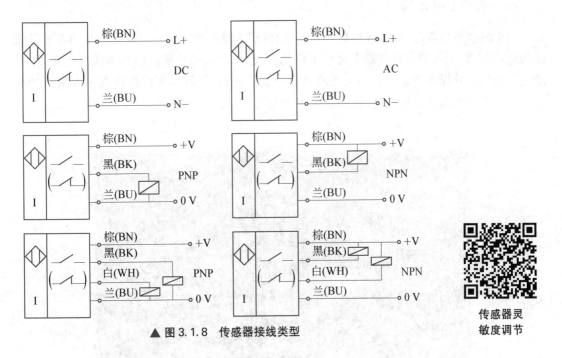

传感器灵
敏度调节

▲ 图 3.1.8　传感器接线类型

在工业上广泛应用的 PLC 有两种类型,一种以日系的三菱为首,输入公共端为电源的负极,电流从 PLC 模块内流出,需要选用 NPN 型的传感器配对;另一种以德系的西门子为首,输入公共端为电源正极,电流从外部流入 PLC 内,需要选用 PNP 型的传感器配对。机器人输入端子的接线与德系 PLC 一样,因此本任务采用 PNP 型的漫反射光电传感器。

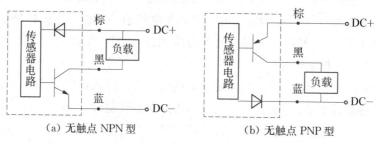

（a）无触点 NPN 型　　　　　　　（b）无触点 PNP 型

▲ 图 3.1.9　NPN、PNP 接线的区别

工程经验 ••

　　若机器人输入端子选用了 NPN 型传感器，传感器的指示灯会一直亮起，不管传感器前有无物体，输入端子会得到不断开的信号。

　　受工作条件限制，两线传感器导通时其内部电路会产生压降，截止时会有剩余电流，稳定性没有三线传感器好。

四、规划工位布局

　　当工件水平放置时，流水线稍高一些，以便机器人够得着工件。当把工件搬到垂直段流水线时，考虑到工人的身高一般不超过工件的高度 1.8 m，因此垂直段流水线高度稍低，且给工人设置站立操作的钢架。工人在垂直段安装导风板时，导风板的位置在工人胸部的高度上下。工位的总体布局规划，如图 3.1.10 所示。

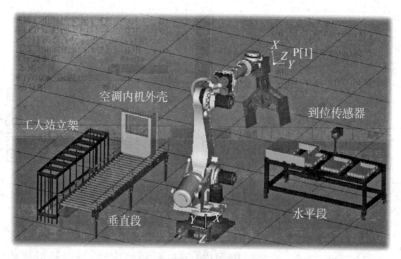

▲ 图 3.1.10　工位布置

任务准备

一、通电调试,设置语言界面

机器人第一次使用时,示教器界面默认是英语。需要改成中文界面,则按以下步骤设置:

步骤一:按[MENU]键→设置 SETUP→常规。路径如图 3.1.11(a)所示,按[ENTER]键进入图 3.1.11(b)所示界面。

步骤二:在图 3.1.11(b)中,将光标定位到"当前语言"→按[SELECT]键,在弹出的窗口选择"CHINESE",[ENTER]键确认。

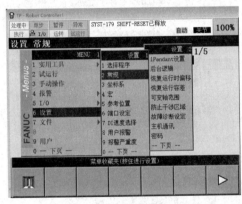
(a) 语言设置路径

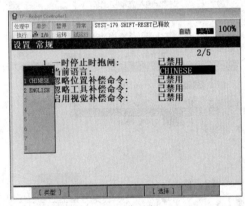
(b) 语言选择

▲ 图 3.1.11　语言设置

二、记录机器人原点位置数据

记录机器人某点位置数据,是为了在点数据丢失时能用直接输入法快速恢复。

在图 3.1.12(a)所示程序编辑界面,光标定位到机器人原点 P[1]处,按[ENTER]键调出图 3.1.12(b)所示界面,以用户坐标系显示,记录下这些数据。丢失原点时,可以在图 3.1.12(b)中将光标定位到要修改的坐标轴,按[ENTER]键后用示教器的键盘输入具体坐标值。

若要以关节坐标方式显示各条轴的位置,在图 3.1.12(c)中按"形式"按键,如图 3.1.12(d)所示,可以以关节坐标方式修改。

 任务实施

一、安装夹具并检查夹具在机器人运动时是否晃动

让夹具垂直向下,示教机器人在两点间以 1 000 mm/s 速度做直线运动,以 FINE 为运动结束方式。观察机器人在制动瞬间夹具是否有晃动,若有则考虑降低运动速度、调试并改进夹具的重心。

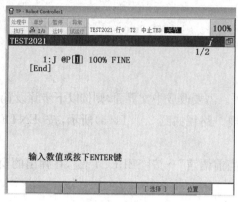

（a）光标定位

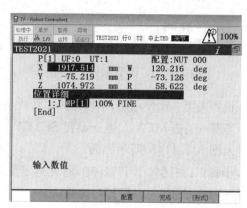

（b）用户坐标下显示

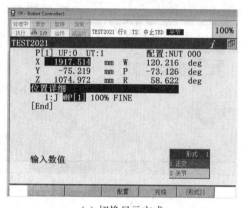

（c）切换显示方式

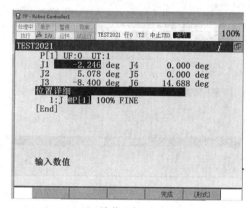

（d）关节坐标下显示

▲ 图 3.1.12　查看与修改点的坐标值

二、调节吸盘长度及气压并检查机器人抓取工件是否牢固

吸盘内部有两个密封型的圆桶,在吸物体时形成内外压差,挤压活塞杆运动,形成真空状态(见图 3.1.2)。吸盘上有弹簧可以柔性适应吸力,调节弹簧的固定螺母,让夹具左右两边的吸盘嘴各自在一条直线上,以便吸取工件时每个着力点能均衡用力。

三、调试电磁阀试验按钮并检查电磁阀动作是否正常

示教机器人把夹具放到工件的夹紧位置,试验能否夹紧工件。虽然没有编程控制电磁阀动作,但如图 3.1.13 所示,电磁阀上有一个试验按钮。按下试验按钮,相当于电磁阀该侧线圈得电。按下试验按钮后,检查气管管路是否漏气、气管接口是否牢固,机器人运动时是否会导致气管过度扭曲。

用螺丝刀按下试验按钮后顺时针旋转 90°,则电磁阀的试验按钮被锁定在按下状态,电磁阀保持动作状态;若要复位,则逆时针旋转试验按钮 90°即可。

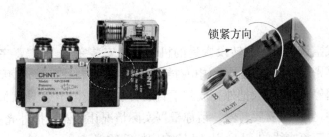

▲ 图 3.1.13　电磁阀试验按钮

 任务评价

　　完成本任务的操作后,根据考证考点,请你按表 3.1.5 检查自己是否学会了考证必须掌握的内容。

表 3.1.5　搬运工作站安装调试评价表

序号	鉴定评分标准	是/否	备注
1	正确安装搬运夹具,机器人在运行时夹具无抖动		
2	能根据搬运物料正确选取合适的夹具类型		
3	能更改示教器界面显示语言		
4	能识别传感器的类型并正确接线		
5	能识读夹具控制气动系统图并正确连接气路		
6	能使用电磁阀试验按钮,手动观察夹具吸取工件的效果		

任务训练

　　若空调内机外壳重量为 12 kg、负压发生器输入压力为 5 MPa、机器人夹具采用 6 个吸盘,则搬运空调内机外壳,请你确定吸盘的口径。

▶任务二　工业机器人搬运示教编程

学习目标

　　1. 熟悉机器人搬运平台的工作流程。
　　2. 能根据实际任务和工作要求编写搬运程序。
　　3. 能正确使用 I/O 指令、延时指令。

任务描述

东信公司柜式空调内机外壳转段搬运的机器人已安装完毕,现需要完成机器人搬运任务的编程;生产线(密封条安装流水线)中有挡板,在终端限制外壳移动,因此在机器人夹取外壳时生产线不用停止;机器人把外壳放到垂直放置加工的生产线(导风板安装流水线)时,为了防止外壳翻侧,生产线需要暂停。请你根据实际情况让机器人把外壳垂直放下时,给信号到控制导风板安装流水线的 PLC,让 PLC 响应控制暂停。

若导风板的生产线意外停机,其控制 PLC 也要给信号到机器人,让机器人不再搬运工件,外壳的生产线位置安装了传感器,检测工件是否已经运走。

根据工程部文件存档要求,请你在完工时把规范绘制的 I/O 图、程序结构图和搬运功能程序交主管审核存档。

 任务分析

一、根据工艺规划搬运路径

空调内机外壳由水平放置加工到垂直放置加工,处于不同的工艺段,两段间距离较短。要把工件从水平放置转为垂直放置,则需要将工件翻转。机器人搬运路径规划如图 3.2.1 所示,为了避免机器人动作过大出现奇异点,设置了必要的旋转点;为了让夹具能正对工件吸取,在工作点前设置逼近点;且在编程时,工作点与逼近点之间的轨迹用 L 指令完成。P[1]是机器人的原始点,也是安全点。

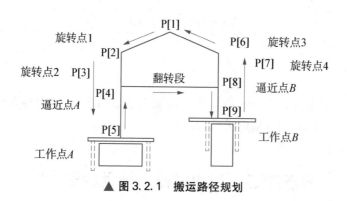

▲ 图 3.2.1 搬运路径规划

二、机器人 I/O 信号规划

采用机器人的 DI/DO 信号与外围设备通信,传感器、启动信号、PLC 传来的停机信号均以 PNP 方式接入 CRMA15 的 DI 端子。具体 I/O 接线图如图 3.2.2 所示,输入侧和输出侧的熔断器采用机器人标配的大 1 A 保险管。

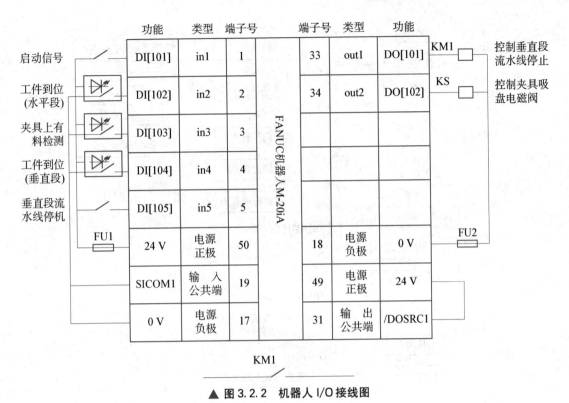

▲ 图 3.2.2 机器人 I/O 接线图

三、设计整体控制逻辑

根据任务要求和 I/O 接线图,梳理搬运控制逻辑,如图 3.2.3 所示,在判断的分支环节可以采用 IF 指令或 WAIT 指令来编写。本任务采用 WAIT 指令进行表达。

四、关键程序指令分析

(一)I/O 指令的使用

I/O 指令是机器人与外部设备通信的指令,包括数字量和模拟量的输入/输出。数字量输入指令 DI[i] 和模拟量输入指令 A1[i] 都不允许在程序中赋值。它们采集的是外部信号,其状态不由程序决定,但可以将它们赋给 R 寄存器,保存每次采集的值,例如,R[i]=D[i],R[i]=AI[i]。

数字量 DO[i] 输出时,外部接收电路要求是电平相当的开关量;模拟量 AO[i] 输出时,外部的接收电路是相应的电压/电流模拟量接收电路。例如,

$$DO[i]=ON/OFF$$
$$DO=Pulse,(Width)Width 脉冲宽度(0.1\sim25.5\ s)$$

(二)等待指令的使用

等待指令可用于分支结构的编程和原地等待的处理,在满足条件前,程序保持在该行等待,直至满足条件才执行下一行。具体分为以下两类。

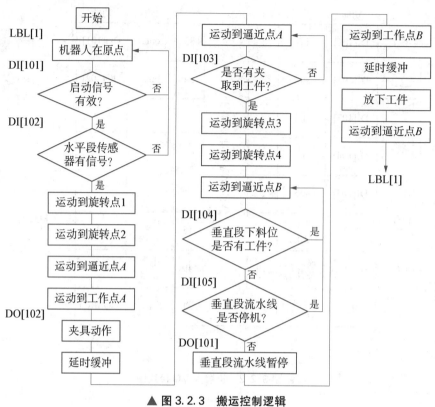

▲ 图 3.2.3　搬运控制逻辑

1. 时间等待

在定时满前，程序不向下执行，以秒为单位，使用格式为：

例如，

WAIT 10.5(sec)　　//等待 10.5 s

2. 条件等待

在指定的条件满足之前，程序不向下执行，条件的表达有多种方式，具体如下：

（1）以寄存器值作为条件　对前后两个或多个寄存器的值执行逻辑运算，运算结果成立则向下执行，使用格式为：

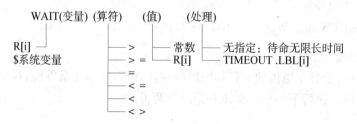

例如，

> WAIT R[1]<>2,TIMEOUT,LBL[1]　//等待 R[1]不等于 2 的时间超过设定值，
> 则跳转到 LBL[1]执行

（2）以 I/O 信号作为条件　把机器人的数字信号状态 ON、OFF 和模拟信号的值作为条件,使用格式为:

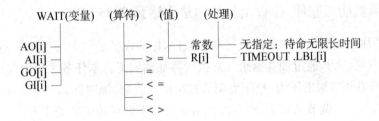

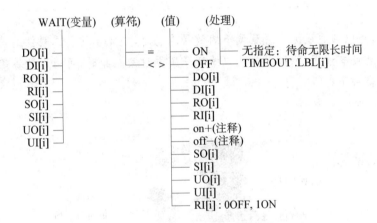

Off-:信号的下降沿作为检测条件。在信号保持断开的状态下,条件不会成立;将信号的状态从接通到断开时刻作为检测条件。

On+:将信号的上升沿作为检测条件。在信号保持接通的状态下,条件就不会成立;将信号的状态从断开到接通时刻作为检测条件。

例如,

> WAIT(DI[101]=ON AND DI[102]=OFF)
>   TIMEOUT,LBL[1]

（3）以错误号作为条件　在出现系统报警时,以预定的报警编号作为处理对象,使用格式为:

其中,错误编号 AAbb,A 为报警 ID,bb 为报警编号。例如,发生"SRVO - 006 Hand broken"报警。伺服 - 006 机械手断裂报警,伺服报警 ID 为 11,报警编号为 006,错误编号为 11066。

 任务准备

一、调节气动二联件,检查出气压力是否达到 0.45 MPa

气动设备往往加装气动二联件或气动三联件,作为设备的气源开关,进一步过滤空气中的水分,调节气路压力,通过油雾器给气缸执行器加油润滑。本任务采用的气动二联件如图 3.2.4 所示,若要调节输出压力,把压力调节螺母向上提起,顺时针调节至 0.45 MPa,以满足负压发生器的需求。调节结束后,把压力调节螺母按下即可锁定所调压力。

工程经验 ••

调节时,可以通过压力表观察调节的效果。有时,关闭了气动二联件的输入阀门,但气动二联件还没有泄压,原因是排气口的塞子压得过紧。此时,可以用牙签等物体,在手动排水口处戳一下即可。

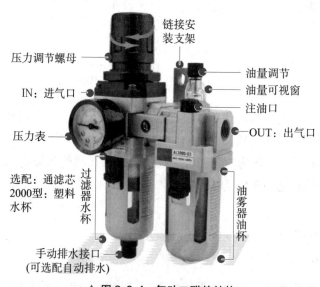

| 链接安装支架 |
| 压力调节螺母 |
| IN:进气口 — 油量调节 |
| — 油量可视窗 |
| — 注油口 |
| 压力表 — OUT:出气口 |
| 选配:通滤芯 2000型:塑料水杯 过滤器水杯 油雾器油杯 |
| 手动排水接口 (可选配自动排水) |

▲ 图 3.2.4　气动二联件结构

二、调节传感器信号灵敏度,检查信号是否正常

传感器安装后调节其灵敏度,工件出现时有信号输出(指示灯由灭变亮),没有工件时传感器没有信号输出。灵敏度调节大可以提高检测距离,但传感器工作稳定性下降。调节过

大会检测到非工件物体,造成误输出。传感器故障排查思路参考表3.2.1。

表3.2.1　传感器故障排查

序号	故障现象	故障可能	排查方法
1	有无工件出现传感器指示灯都不亮	传感器接线错误,内部电路烧坏	检测是否棕色线接电源正极,蓝色线接电源负极,黑色线输出到机器人DI端子
		线路接触不良	检查布线
		电磁干扰	检测弱电线路是否与强电线路布置在一起,传感器线路是否远离伺服器、大功率电机
2	传感器指示灯一直亮,信号一直是常闭状态	选型错误	查看传感器的标签,检查是否使用的是PNP型传感器
		灵敏度调节过大	调低灵敏度观察故障现象是否消失
3	信号有时正常,有时不正常	传感器信号被干扰或线路存在磨损,导致接触不良	检测电磁干扰和传感器线路是否接触不良

 任务实施

根据I/O和控制逻辑,机器人搬运程序编写如下,程序名为MAIN2020:

1:	UFRAME_NUM=1	指定使用用户坐标1
2:	UTOOL_NUM=1	指定使用工具坐标1
3:	OVERRIDE=30%	调试时限速30%,实际运行可以删除此行
4:	LBL[1]	
5:	DO[101]=OFF	初始化
6:	DO[102]=OFF	
7:	J P[1:HOME] 100% FINE	机器人原始点HOME
8:	WAIT DI[101]=ON	启动信号有效
9:	WAIT DI[102]=ON	水平段工件传送到位
10:	J P[2] 50%　FINE	运动到旋转点P[2]
11:	J P[3] 50%　FINE	运动到旋转点P[3]
12:	J P[4] 50%　FINE	运动到逼近点P[4]
13:	L P[5] 600mm/sec FINE	运动到工作点P[5]
14:	DO[102]=ON	开启吸盘,夹取工件
15:	WAIT　1 sec	等待1 s,缓冲
16:	WAIT　1sec	等待1 s再动作
17:	L P[4] 600mm/sec FINE	夹起工件上升运动到P[4]
18:	WAIT DI[103]=ON	夹取到工件

19：	J P[6] 50% FINE	运动到旋转点 P[6]
20：	J P[7] 50% FINE	运动到旋转点 P[7]
21：	L P[8] 200mm/sec FINE	运动到逼近点 P[8]
22：	WAIT DI[104]＝OFF	没有工件
23：	WAIT DI[105]＝OFF	且流水线没有停机检修则放下
24：	DO[101]＝ON	向 PLC 发出暂停信号
25：	L P[9] 200mm/sec FINE	运动到放置点 P[9]
26：	WAIT 1sec	等待 1 s 再动作
27：	DO[102]＝OFF	放下工件
28：	L P[8] 200mm/sec FINE	运动到逼近点 P[8]
29：	JMP LBL[1]	跳转到标签1,返回原点
	END	

任务评价

完成本任务的操作后,根据考证考点,请你按表3.2.2检查自己是否学会了考证必须掌握的内容。

表3.2.2　机器人搬运编程调试任务评价

序号	鉴定评分标准	是/否	备注
1	能根据生产线上的工作点,制定搬运路线		
2	能根据任务要求,使用I/O指令、延时指令示教编程		
3	能正确调节气路压力		
4	能根据控制要求梳理控制逻辑		
5	能识别传感器的类型并正确接线		
6	能排除传感器线路故障		

易错点 •

机器人输出 DO[101]直接接到 PLC 的输入端,会导致 PLC 的输入端子损坏。因为机器人 DO[101]端子输出带有24 V 直流电压,这个信号直接接在 PLC 的输入端子与公共端之间,相当于 PLC 的输入端子短路。因此在图3.2.2中,通过 DO[101]控制继电器动作,再通过继电器的常开触点把开关信号接入 PLC。

任务三　工业机器人搬运程序运行调试及优化

 学习目标

1. 会从控制要求出发设置基准点。
2. 能从稳定性出发调速；根据实际，调整程序和优化工作路径。
3. 深入理解指令参数和运行规律，能根据提速要求修改程序指令参数。

 任务描述

东信公司的生产有明显的淡季、旺季分界线。夏天订单多催货紧，冬天则进入备货季节，订单稳定。柜式空调内机外壳转段搬运工作站的机器人试运行稳定后，为提高旺季时的生产效率，公司要求提升效能。工程部决定，在确保安全的前提下，提高搬运机器人运行速度。你作为负责工程师，请设计优化方案并实施，包括机器人工作路径优化和程序优化。当机器人在 HOME 点时，设置绿色指示灯作为信号。

 任务分析

一、速度提升后如何防止搬运过程的振动

运行速度提升后，在工件搬运和放置时容易出现振动。在此状态下长期运行，会缩短夹具和机器人减速器的使用寿命，而且对机器人 J6 轴也有一定的影响。要解决振动，一方面，需编程时改变指令终止类型，让过渡轨迹平缓执行；另一方面，从逼近点到放置点运动时，降低速度。

二、如何优化执行效率

（一）轨迹间过渡方式由 FINE 改成 CNT

以 FINE 作为运动路径的结束时，机器人会减速为零，再开始另一段速度。若这条路径不是机器人结束运动的路径，而是工作过程中的一段，机器人在每段轨迹间先停止再起动。采用 CNT 确定过渡半径，让机器人在两段轨迹间的过渡带有弧度，可以缩短调整两段轨迹间姿态的时间，机器人可以不停止，直接向下一个点运动。放置点用 FINE 结束，中间的过渡点采用 CNT 方式结束。

（二）确保安全的前提下提升运动速度

工件搬起、放下时，由于惯性，机器人运动的速度不能调得太快，否则机器人容易出现过载报警；但工件在搬起后，有一定运动速度了，中间轨迹上的运动速度可以稍快，不会出现由于惯性导致的过载报警、夹具吸力不足等问题。

在提升运动速度时,不能违反指令执行的规则。以下是 J、L 指令的速度设置规则。

1. 关节运动指令的速度参数设置规则

(1) 例如,J P[2] 50 mm/sec FINE:

● 单位为 sec 时,在 0.1～3 200 sec 范围内指定移动所需时间。

● 单位为 msec 时,在 1～32 000 msec 范围内指定移动所需时间。

(2) 例如,J P[2] 50% FINE:在 1～100% 的范围内指定相对最大移动速度的比率。

2. 直线/圆弧运动指令的速度参数设置规则

(1) 例如,L P[4]200 mm/sec FINE:

● 单位为 mm/sec 时,在 1～2 000 mm/sec 之间指定。

● 单位为 cm/min 时,在 1～12 000 cm/s 之间指定。

● 单位为 inch/min 时,在 0.1～47 244 inch/min 之间指定。

● 单位为 sec 时,在 0.1～3 200 s 范围内指定移动所需时间。

● 单位为 msec 时,在 1～32 000 msec 范围内指定移动所需时间。

(2) 例如,L P[4]50 deg/sec FINE,在工具尖端附近做旋转运动:

● 单位为 deg/s 时,在 1～272 deg/s 指定。

● 单位为 s 时,在 0.1～3 200 s 指定移动所需时间。

● 单位为 ms 时,在 1～32 000 ms 指定移动所需时间。

(三) 调整机器人姿态,减少过渡点

从水平段流水线到垂直段流水线,搬运的姿态变化较大,如果中间不设过渡点,机器人会出现"轨迹不能到达""过渡半径超限"等报警。因此,中间的过渡点不可缺少。但要精心调节机器人从一个点到另一个点之间的姿态,避免出现姿态问题的报警。只要示教得当,可以减少过渡点。根据规划,把机器人搬运的轨迹调整为图 3.3.1 所示。示教时尽量采用世界坐标或用户坐标来定点,避免采用关节坐标示教带来姿态变化过大的问题。

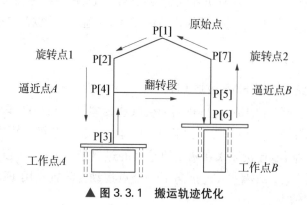

▲ 图 3.3.1　搬运轨迹优化

三、按照优化运行的要求设计 I/O 接线图

采用基准点的输出 UO[7],指示机器人在 HOME 点。I/O 接线图的规划如图 3.3.2

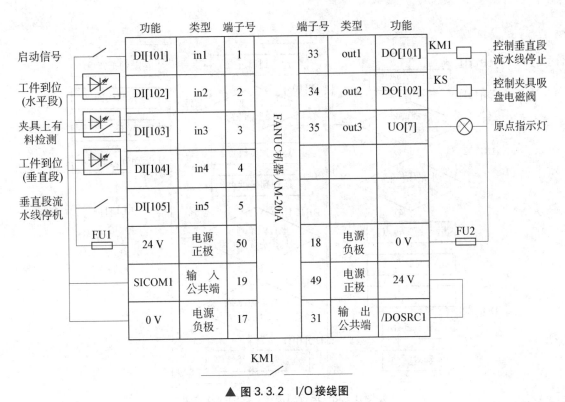

▲ 图3.3.2　I/O接线图

所示,指示灯采用绿色24 V直流LED。只要机器人在基准点,系统信号UO[7]就会输出,不需在程序中编程控制UO[7]输出。

四、根据优化要求,调整控制逻辑

根据优化的运动轨迹,任务二的控制逻辑修改为图3.3.3所示。

 任务准备

一、设置机器人安全工作基准点

一般,让机器人从安全位置开始工作,安全位置称为HOME点、原始点或基准点。工业机器人的基准点是远离工件和周边设备的,可以发信号给外围设备,告诉其机器人目前在原始位置。FANUC机器人最多可以设置3个基准点:Ref Position1、Ref Position2、Ref Position3;当机器人在Ref Position1时,可以指定从系统信号输出端子UO[7]发信号给外围设备。机器人在Ref Position2、Ref Position3时,相应的输出信号可以指定由DO或RO端子向外部设备发送。

基准点的设置步骤如下:

步骤一:按[MENU]键→设置SETUP→参考位置→[ENTER],进入图3.3.4(b)的界面,将光标定位到编号1的基准点→按"详细"按钮,进入图3.3.4(c)所示界面。

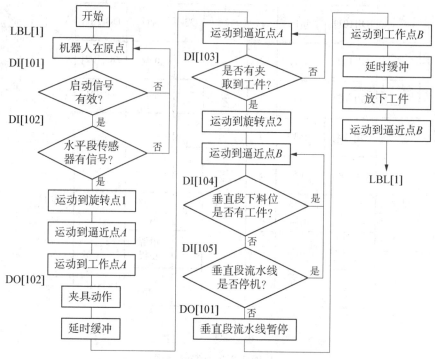

▲ 图3.3.3 运行轨迹优化后的控制逻辑

步骤二:在图3.3.4(c)所示界面,将光标定位到注释行,输入搬运的拼音注释,如图3.3.4(d)所示。

步骤三:在图3.3.4(d)中,将光标定位到原点"无效"处,界面右下的按钮将更新为"有效""无效",设置为有效,如图3.3.4(e)所示。

步骤四:在图3.3.4(e)中,将光标定位到信号定义处,选择当机器人到达基准点时是机器人哪个端子输出信号,端口号为0时无效。由于本任务是基准点1,不更改输出端口设置,保持为0时让UO[7]输出。

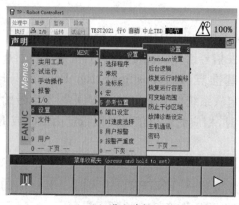

(a) 进入路径

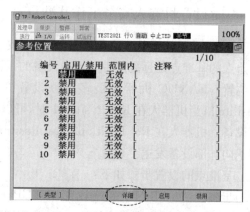

(b) 参考点一览表

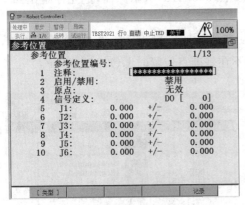

（c）详细设置界面

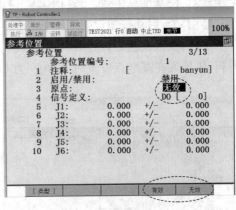

（d）输入注释

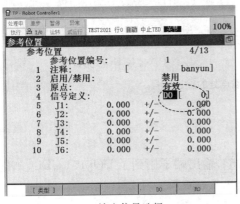

（e）输出信号选择

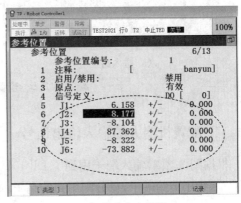

（f）基准点坐标值

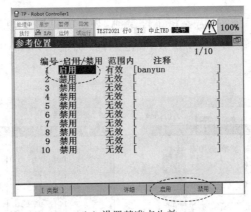

（g）设置基准点生效

▲ 图3.3.4 基准点1设置过程

步骤五：示教基准点位置，把光标定位到图3.3.4(e)界面中的J1～J9的其中一行，进入图3.3.4(f)所示界面，示教机器人在预定的基准点/原点，按［SHIFT］＋"记录"，记录基准点坐标数据，如图3.3.4(f)所示；若不示教，可以用直接输入法输入坐标数据。

步骤六:使基准点生效。按[PREV]键退回到图 3.3.4(d)所示界面,把光标定位到 1 的"启用/禁用"处,启动按钮设为启动状态。

步骤七:检验设置是否有效。由图 3.3.5(a)所示的路径进入图 3.3.5(b)所示界面,可以看到,机器人在基准点位置时 UO[7]为 ON,不在基准点位置时 UO[7]为 OFF。

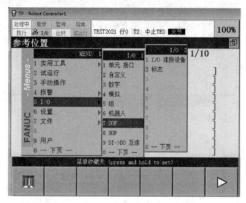

(a) 进入路径

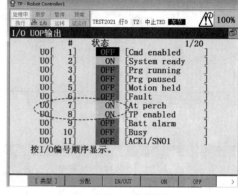

(b) 监控 UO[7]状态

▲ 图 3.3.5　查看基准点处的输出信号

二、配置机器人的输入输出信号

根据图 3.3.2,输入端子用到了 DI[101~105],输出端子用到了 DO[101]、DO[102]和 UO[7],为了节约端子,只分配用到的端子,如图 3.3.6 所示。

三、调节输入空气压力

由于空压机的压力有波动,需要将工件翻侧,观察吸盘形变,判断吸力是否可控。调节电磁阀,使输入空气压力在 0.4~0.45 MPa 范围内,观察在 0.4 MPa 时吸盘吸力是否足够吸起工件。

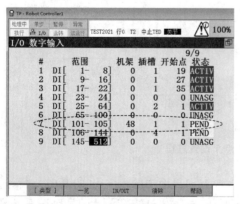

(a) DI 配置

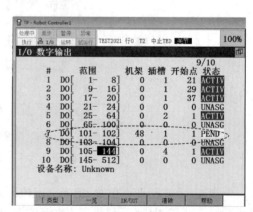

(b) DO 配置

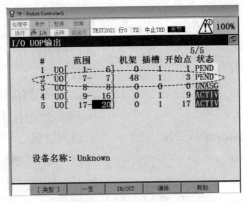

(c) UO 配置

▲ 图 3.3.6　I/O 信号按需配置

四、空载运行程序

提升速度后,先空载运行程序,观察是否因提升速度出现报警。出现报警多为过渡时机器人姿态变换过大或过渡半径过大,此时需要重现调整姿态和调节 CNT 的值。

任务实施

根据 I/O 图和控制逻辑,按照优化姿态和指令执行速度的思路,把任务二的程序修改如下:

1:	UFRAME_NUM＝1	指定使用用户坐标 1
2:	UTOOL_NUM＝1	指定使用工具坐标 1
3:	OVERRIDE＝30％	调试时限速 30％,实际运行可以删除此行
4:	LBL[1]	
5:	J P[1:HOME] 100％ FINE	机器人原始点 HOME
6:	DO[101]＝OFF	初始化
7:	DO[102]＝OFF	
8:	WAIT DI[101]＝ON	启动信号有效
9:	WAIT DI[102]＝ON	水平段工件传送到位
10:	J P[2] 50％　FINE	运动到旋转点 P[2]
11:	L P[4] 90％　CNT50	运动到逼近点 P[4]
12:	L P[3] 800mm/sec FINE	运动到工作点 P[3]
13:	DO[102]＝ON	开启吸盘,夹取工件
14:	WAIT　1 sec	等待 1 s,缓冲
15:	L P[4] 600mm/sec FINE	夹起工件上升运动到 P[4]
16:	WAIT DI[103]＝ON	夹取到工件

17：	J P[7] 80% CNT80	运动到旋转点 P[7]
18：	L P[5] 600mm/sec CNT80	运动到逼近点 P[5]
19：	WAIT DI[104]=OFF	没有工件
20：	WAIT DI[105]=OFF	且流水线没有停机检修则放下
21：	DO[101]=ON	向 PLC 发出暂停信号
22：	L P[6] 600mm/sec FINE	运动到放置点 P[6]
23：	WAIT 1sec	等待 1 s 再动作
24：	DO[102]=OFF	放下工件
25：	L P[5] 600mm/sec FINE	运动到逼近点 P[5]
26：	JMP LBL[1]	跳转到标签 1,返回原点
	END	

 任务评价

完成本任务的操作后,根据考证考点,请你按表 3.3.1 检查自己是否学会了考证必须掌握的内容。

表 3.3.1　机器人搬运程序优化评价表

序号	鉴定评分标准	是/否	备注
1	能正确修改运动指令参数提速		
2	能设置和使用基准点		
3	能按需正确配置 I/O 信号端子		
4	能规范绘制 I/O 接线图		
5	能根据程序逻辑图编程		

故障判断

机器人程序相同,提速后有时会出现"过渡半径过大"的报警。

程序在调试过程中,由于速度的提升,按照原来设定的点运行时,遇到"过渡半径过大"的报警,主要原因是,机器人姿态变化太快了。在报错点间插入一个新的工作点,缩小点与点之间的运动距离。

任务四　工业机器人机床上下料的现场操作与编程

学习目标

1. 学会多个工作任务优先级排序，能转换为程序逻辑。
2. 能根据生产要求画出机器人与外围设备的 I/O 接线图。
3. 能够根据外围设备信号实现机器人与外围设备有序运行。

任务描述

东信公司使用数控车床生产空调压缩机前端盖，多年来订单稳中上升。订单中压缩机前端盖的规格型号都是稳定的，初中学历的工人就能满足生产要求。由于不需经常改变数控车床的程序，技术含量不高，工作枯燥，工人越来越难招聘。公司在参观了其他制造型企业的工业 4.0 案例后，决定用机器人实现数控车间的空调压缩机前端盖上下料。工程部指派你和数控车间的技术员合作完成改造，要求改造后至少精简一半上下料的生产工人。

任务分析

一、机器人工作任务流程规划

为了精简人手，提高生产效率和设备使用率，采用一个机器人负责两台数控车床上下料并联工作的方式。机器人作为上位机，两台数控车床作为下位机。

车床检测到三爪卡盘已放料，且收到机器人发来的允许加工信号，则开始切削工件；车床加工完，机器人接收到车床发来需要下料的信号，则到车床里把加工好的工具放到下料框。

设备总体工作逻辑为：车床 A、B 检测到三爪卡盘已放料→卡盘夹紧→机器人离开，到达安全位→车床开始加工→加工结束，发信号给机器人→机器人下料。

设备的整体布局如图 3.4.1 所示，机器人工作轨迹点的意义见表 3.4.1。

二、机器人与数控车床的通信信号规划

机器人要与数控车床连为一体，需要与车床的 PLC 实现 I/O 信号通信。一般，数控车床会安装对射光栅，检测加工过程是否有人进入加工区。机器人是上位机，光栅信号改为直接输入到机器人系统，若加工过程有人闯入，机器人会报警。I/O 信号的规划如图 3.4.2 所示。

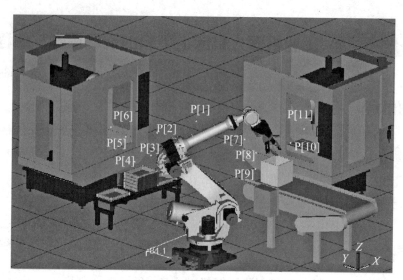

▲ 图 3.4.1　生产线布局图

表 3.4.1　轨迹点意义

点号	位　置	点号	位　置
P[1]	机器人原始点 HOME	P[2]	上料过渡点
P[3]	上料逼近点	P[4]	上料工作点
P[5]	1♯车床逼近点	P[6]	1♯车床放置点/取料点
P[7]	下料过渡点	P[8]	下料逼近点
P[9]	下料工作点	P[10]	2♯车床逼近点
P[11]	2♯车床放置点/取料点		

三、机器人控制逻辑分析

机器人要同时应对两台车床,若两台车床同时需要上料或下料,多个需求同时产生时,应将信号的有限级排序。若定为上料优先,1♯车床优先,则控制逻辑如图 3.4.3 所示;若采用并行选择性结构,控制逻辑如图 3.4.4 所示。

IF 指令使用方法

SELECT 指令使用方法

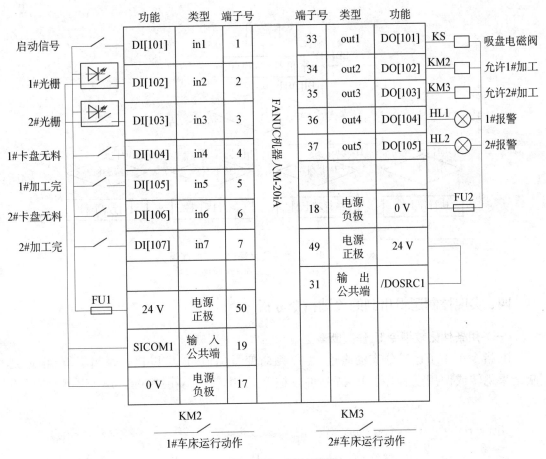

▲ 图 3.4.2　I/O 接线图

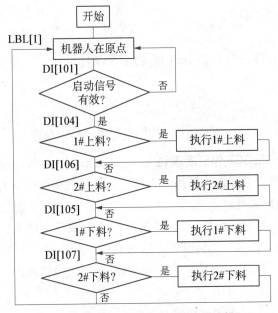

▲ 图 3.4.3　单流程表达的控制逻辑

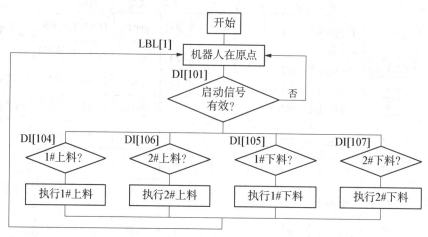

▲ 图 3.4.4　选择性流程表达的控制逻辑

四、实现控制逻辑用到的关键指令分析

（一）用条件比较指令 IF 作判断表达

IF 指令可用于逻辑分支的表达，可以判断变量的值，也可以执行逻辑运算，根据判断结果跳转或调用子程序。IF 指令可以嵌套使用，实现多层判断。IF 指令的使用格式为：

IF(variable)	(operator)	(value)	(Processing)
变量	运算符	值	行为
R[i]	> >=	Constant(常数)	JMP LBL[i]
I/O	= <=	R[i]	Call(program)
	< <>	ON	

可以通过逻辑运算符 or(或)和 and(与)将多个条件组合在一起，但是 or(或)和 and(与)不能在同一行中使用。

例如，

IF DI[101]＝ON AND DI[102]＝OFF,CALL TEXT002

（二）用选择指令 SELECT 作判断表达

条件选择指令由多个寄存器比较指令构成。条件选择指令将寄存器的值与一个或几个值比较，选择正确的语句来处理。

如果寄存器的值与其中一个值一致，则执行与该值相对应的跳转指令或者子程序调用指令；如果寄存器的值与任何一个值都不一致，则执行与 ELSE(其他)相对应的程序。

条件选择指令 SELECT 可以处理多个分支结构，其使用格式为：

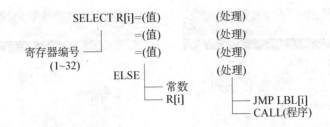

例如,

```
1:    SELECT R[1]=1,JMP LBL[1]        以 R[1]的值为判断
2:            =2,JMP LBL[2]
3:            =3,JMP LBL[3]
4:            =4,CALL   DELAY50
5:    ELSE   CALL   NEXT01
      END
```

 任务准备

一、将安全防护的光栅信号与机器人的输出端口关联

数控车床在人机协同工作时,容易造成操作工人的人身伤害。安装安全光栅,则可有效避免和防止危险事故。

安全光栅通过发射器发出红外光线,由接收器接收红外光,形成保护区域。当光束被物体遮挡时,安全光栅就会给出信号,使机器停止运行。当机器人通过系统设置确定某个 RI/DI/SI 信号有效时,不经用户程序处理,直接驱动 DO/RO 信号输出。如图 3.4.5 所示,设置步骤如下:

步骤一:按[MENU]菜单键→I/O→选择 DI→DO 互连,进入图 3.4.5(b)界面。

步骤二:在图 3.4.5(b)中,按"选择"按钮→在调出的菜单中选择 DI→DO→进入图 3.4.5(c)所示界面。

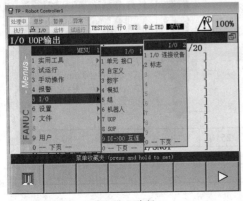

(a) 进入路径

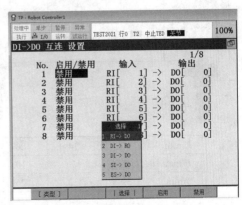

(b) 选择关联信号

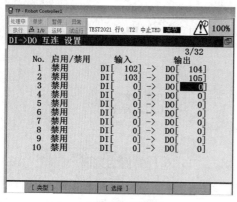

（c）结对信号设置

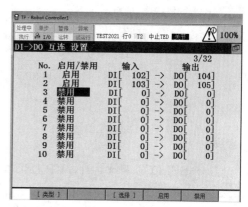

（d）设为启用状态

▲ 图 3.4.5　信号关联设置

步骤三：在图 3.4.5（c）中，根据图 3.4.2，设置 DI[102]关联 DO[104]，DI[103]关联 DO[105]。

步骤四：将光标移动到"启用/禁用"列，将关联信号设为"启动"，如图 3.4.5（d）所示。

二、对射光栅的安装接线

对射光栅是光电传感器的一种，它能发出多条光线给接收端。任何一条光线被切断，光栅都会有信号输出。图 3.4.6 所示是一款光栅的安装参数和接线方式，安装时，必须保证发射端与接收端在同一个平面内；接线时，要注意电源的正负极不能接反，以免烧坏光栅内部电路。

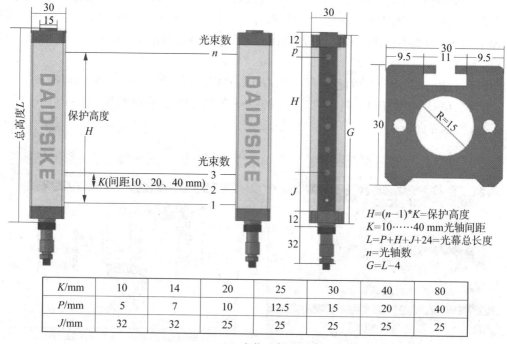

$H=(n-1)*K=$ 保护高度
$K=10……40$ mm 光轴间距
$L=P+H+J+24=$ 光幕总长度
$n=$ 光轴数
$G=L-4$

K/mm	10	14	20	25	30	40	80
P/mm	5	7	10	12.5	15	20	40
J/mm	32	32	25	25	25	25	25

（a）安装要求

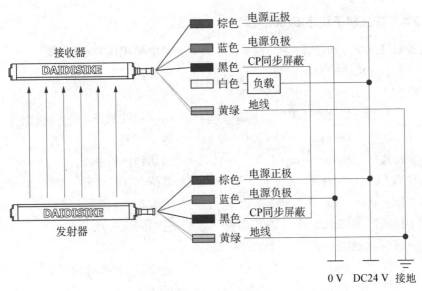

（b）光栅接线图

▲ 图3.4.6　光栅的使用

三、机床上、下料的子程序的编写

（一）1#车床上料子程序 SL001

1：	UFRAME_NUM=1	指定使用用户坐标1
2：	UTOOL_NUM=1	指定使用工具坐标1
3：	J P[1:HOME] 100% FINE	机器人原始点 HOME
4：	J P[2] 100% FINE	运动到过渡点
5：	L P[3] 600mm/sec CNT50	运动到逼近点
6：	L P[4] 600mm/sec FINE	运动到取料点
7：	WAIT .50(sec)	等待0.5 s,缓冲
8：	DO[101]=ON	吸取工件
9：	L P[3] 600mm/sec CNT50	返回到逼近点
10：	L P[5] 600mm/sec CNT50	运动到1#车床逼近点
11：	L P[6] 200mm/sec FINE	运动到1#车床放料/取料点
12：	WAIT .50(sec)	缓冲
13：	DO[101]=OFF	放置工件
14：	WAIT .50(sec)	缓冲
15：	L P[5] 600mm/sec CNT50	返回1#车床逼近点
16：	L P[3] 600mm/sec CNT50	返回到逼近点
17：	J P[1:HOME] 100% FINE	返回原点
	END	

（二）2#车床上料子程序 SL002

行号	指令	说明
1：	UFRAME_NUM＝1	指定使用用户坐标1
2：	UTOOL_NUM＝1	指定使用工具坐标1
3：	J P[1:HOME] 100% FINE	机器人原始点 HOME
4：	J P[2] 100% FINE	运动到过渡点
5：	L P[3] 600mm/sec CNT50	运动到逼近点
6：	L P[4] 600mm/sec FINE	运动到取料点
7：	WAIT .50(sec)	等待0.5 s,缓冲
8：	DO[101]＝ON	吸取工件
9：	L P[3] 600mm/sec CNT50	返回到逼近点
10：	L P[7] 600mm/sec CNT50	
11：	L P[10] 600mm/sec CNT50	运动到2#车床逼近点
12：	L P[11] 200mm/sec FINE	运动到2#车床放料/取料点
13：	WAIT .50(sec)	缓冲
14：	DO[101]＝OFF	放置工件
15：	WAIT .50(sec)	缓冲
16：	L P[10] 600mm/sec CNT50	返回2#车床逼近点
17：	L P[7] 600mm/sec CNT50	返回到逼近点
18：	J P[1:HOME] 100% FINE	返回原点
	END	

（三）1#车床下料子程序 XL001

行号	指令	说明
1：	UFRAME_NUM＝1	指定使用用户坐标1
2：	UTOOL_NUM＝1	指定使用工具坐标1
3：	J P[1:HOME] 100% FINE	机器人原始点 HOME
4：	J P[2] 100% FINE	运动到过渡点
5：	L P[3] 600mm/sec CNT50	运动到逼近点
6：	L P[5] 600mm/sec CNT50	运动到1#车床逼近点
7：	L P[6] 200mm/sec FINE	运动到1#车床放料/取料点
8：	WAIT .50(sec)	缓冲
9：	DO[101]＝ON	吸取工件
10：	WAIT .50(sec)	缓冲
11：	L P[5] 600mm/sec CNT50	返回1#车床逼近点
12：	L P[3] 600mm/sec CNT50	返回到逼近点
13：	L P[2] 600mm/sec CNT50	
14：	L P[7] 600mm/sec CNT50	

15：	L P[8] 600mm/sec CNT50	运动到下料逼近点
16：	L P[9] 600mm/sec FINE	运动到下料点
17：	DO[101]=OFF	放下工件
18：	L P[8] 600mm/sec CNT50	返回下料逼近点
19：	L P[7] 600mm/sec CNT50	
20：	J P[1:HOME] 100% FINE	返回原点
	END	

（四）2#车床下料子程序 XL002

1：	UFRAME_NUM=1	指定使用用户坐标1
2：	UTOOL_NUM=1	指定使用工具坐标1
3：	J P[1:HOME] 100% FINE	机器人原始点 HOME
4：	J P[7] 100% FINE	运动到过渡点
5：	L P[10] 600mm/sec CNT50	运动到1#车床逼近点
6：	L P[11] 200mm/sec CNT50	运动到2#车床放料/取料点
7：	WAIT .50(sec)	缓冲
8：	DO[101]=ON	吸取工件
9：	WAIT .50(sec)	缓冲
10：	L P[10] 600mm/sec CNT50	返回2#车床逼近点
11：	L P[8] 600mm/sec CNT50	运动到下料逼近点
12：	L P[9] 600mm/sec FINE	运动到下料点
13：	DO[101]=OFF	放下工件
14：	L P[8] 600mm/sec CNT50	返回下料逼近点
15：	L P[7] 600mm/sec CNT50	
16：	J P[1:HOME] 100% FINE	返回原点
	END	

 任务实施

把数控车床当成黑匣子,机器人不用关心其内部程序,只需关心其传给机器人的信号和机器人输出的控制信号。不同的程序逻辑有不同的指令表达,但控制结果是一样的。下面,根据两个流程图采用 IF 指令和 SELECT 指令分别表达。一个项目只有一个主程序,可以选择其中一种控制。

一、根据图 3.4.3 编程的主程序 RSR2020

| 1： | UFRAME_NUM=1 | 指定使用用户坐标1 |
| 2： | UTOOL_NUM=1 | 指定使用工具坐标1 |

3：	OVERRIDE＝30％	调试时限速30％,实际运行可以删除此行
4：	LBL[1]	
5：	J P[1:HOME] 100％ FINE	机器人原始点 HOME
6：	WAIT DI[101]＝ON	启动信号有效
7：	IF DI[104]＝ON,CALL SL001	1♯车床无料,执行1♯上料子程序
8：	IF DI[106]＝ON,CALL SL002	2♯车床无料,执行2♯上料子程序
9：	IF DI[105]＝ON,CALL XL001	1♯车床加工完,执行1♯下料子程序
10：	IF DI[107]＝ON,CALL XL002	1♯车床加工完,执行2♯下料子程序
11：	JMP LBL[1]	跳转到标签1,返回原点
	END	

二、根据图 3.4.4 编程的主程序 RSR2021

1：	UFRAME_NUM＝1	指定使用用户坐标1
2：	UTOOL_NUM＝1	指定使用工具坐标1
3：	OVERRIDE＝30％	调试时限速30％,实际运行可以删除此行
4：	LBL[1]	
5：	J P[1:HOME] 100％ FINE	机器人原始点 HOME
6：	WAIT DI[101]＝ON	启动信号有效
7：	IF(DI[104]＝ON)THEN	将开关信号的值转化为 R[1]的不同值,作为 SELECT 指令的分支
8：	R[1]＝1	条件,1♯上料
9：	ENDIF	
10：	IF(DI[105]＝ON)THEN	1♯下料
11：	R[1]＝2	
12：	ENDIF	
13：	IF(DI[106]＝ON)THEN	2♯上料
14：	R[1]＝3	
15：	ENDIF	
16：	IF(DI[107]＝ON)THEN	2♯下料
17：	R[1]＝4	
18：	ENDIF	
19：	SELECT R[1]＝1,CALL SL001	1♯车床无料,执行1♯上料子程序
20：	＝2,CALL XL001	1♯车床加工完,执行1♯下料子程序
21：	＝3,CALL SL002	2♯车床无料,执行2♯上料子程序
22：	＝4,CALL XL002	2♯车床加工完,执行2♯下料子程序

23:	ELSE JMP LBL[1]	跳转到标签1,返回原点
	END	

关键点 ••

(1) IF-THEN 指令要与 ENDIF 指令配对,否则系统会提示错误。

(2) SELECT 指令最后一行必须为 ELSE。在调用指令时,不是选择单独的 ELSE,而是在如图 3.4.7 中选择与 SELECT 配对的 ELSE 指令。若 SELECT 指令没有用 ELSE 指令处理非正常值以外的情况,程序执行时会有不可预计的结果。例如 RSR2021 程序中,R[1]的值为5,但 SELECT 指令只处理了 R[1]值为 1～4 的情况,没有 ELSE 指令处理值为 5 的情况,程序执行就会无所适从,出现逻辑错误。

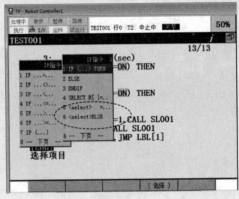

▲ 图 3.4.7　与 SELECT 配对的 ELSE 指令

 任务评价

完成本任务的操作后,根据考证考点,请你按表 3.4.2 检查自己是否学会了考证必须掌握的内容。

表 3.4.2　机器人上下料任务评价表

序号	鉴定评分标准	是/否	备注
1	能设置信号关联		
2	能正确使用 IF 指令表达程序逻辑		
3	能正确使用 SELECT 指令表达程序逻辑		
4	能用流程图表达顺序结构和选择结构的控制逻辑		
5	能正确安装光栅并正确接线		

任务训练

1. 如果程序中加入统计上下料的工件数功能，以便统计一天的产量和合格品量，那么程序该如何修改？

2. 若 DI[106]有输入时 RO[1]有输出，那么在信号关联中如何设置、信号配置中如何配置？

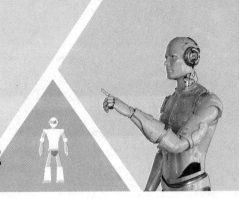

项目四
工业机器人装配应用编程

项目情景

不少企业借助工业机器人代替人工装配,以降低工人劳动强度、提高生产效率、控制成本。随着招工难、人力成本增加、订单个性化等问题的凸显,在工业机器人销售价格下降的行情下,国内大型舞台设备生产商风云电子科技有限公司决定,应用机器人分阶段自主改造总装车间,由工装部负责夹具设计和加工、制造部负责机器人工作站的施工和现场改造。改造分期实施,第一期先完成舞台灯旋转控制步进电机组装配工作站的改造。你作为制造部技术员,将负责工作站整体布置、机器人装配任务的编程调试和工作站自动运行设置。

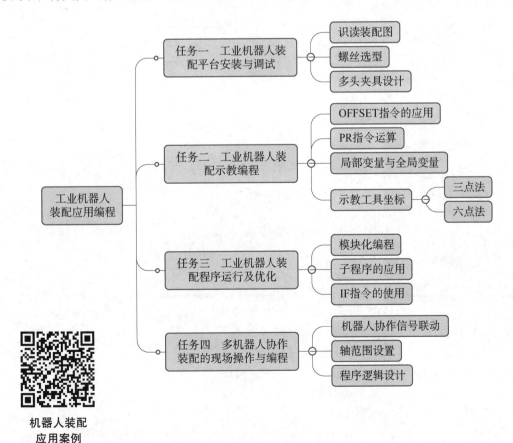

机器人装配
应用案例

任务一　工业机器人装配平台安装与调试

学习目标

1. 能根据产品安装要求测绘安装尺寸图。
2. 学会选择多头夹具,使用快换接头,实现夹具快速更换。
3. 能以提高生产效率为出发点,规划工作站内每个部件的安装位置。

任务描述

　　风云电子科技有限公司的舞台灯旋转控制步进电机组装配原来是由人工完成,没有引入任何自动化设备。在本次改造中,以半自动化规格设计,改造完成后撤走此岗位上负责装配的工人,只留下负责上下料的工人。要装配的产品是将两个步进电机以 8 个螺丝固定在一块黑色塑料板上,电机接线端口统一朝向塑料板长边的同一方向。机器人、自动送螺丝机、工作台、步进电机、裁剪好的塑料板等施工过程用到的设备、零部件,均已由采购部采购完成。

　　作为制造部技术员,你需要负责装配工作站各部件的整体布局及安装调试,选择合适的工装夹具及装配用螺丝,测绘装配产品安装尺寸图。

任务分析

一、如何布置各设备、部件让机器人执行效率最高

　　一台机器人要完成多个工作任务,只能通过装上不同夹具来实现。在机器人工作布局中,要考虑夹具库、原料、产品、配件放置的位置,缩短机器人运动的路径以提高运动效率,布局如图 4.1.1 所示,A 位置是上下料工人的工位。

　　电机由上料位搬到装配位,机器人要把电机旋转 90° 放置。机器人执行一次装配的过程为:机器人在原点→用手爪将电机 1、2 分别从上料配位搬到装配位 1、2→用吸盘将塑料板从上料位搬到装配位→到夹具库更换夹具(放下手爪和吸盘双头夹具,更换气动螺丝刀)→到自动送螺丝机依次把 8 个螺丝装到电机和塑料板的固定孔上→机器人到夹具库更换夹具(放下气动螺丝刀,更换手爪和吸盘双头夹具)→机器人回原点。

二、如何选配机器人组合夹具

　　机器人用手爪(手指)把电机搬到装配点,用吸盘把塑料板放到电机上,用气动螺丝刀取螺丝拧紧到电机固定孔上。这 3 个工作内容需要用到 3 种不同的工具,这 3 种工具安装在

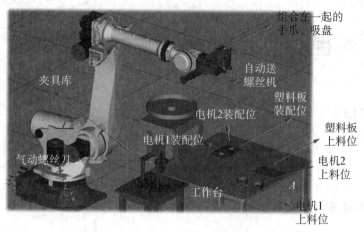

▲ 图 4.1.1　工作站整体布局设计

机器人第六轴上成了机器人的 3 款夹具，通过气动快换接头实现夹具的更换。常见的手爪、吸盘、气动螺丝刀如图 4.1.2 所示。由于电机是规则的方正工件，因此选用平行手指夹取，对力的平衡有利。手指开合行程要与电机宽度一致，要根据电机的宽度改造或重新设计手指。

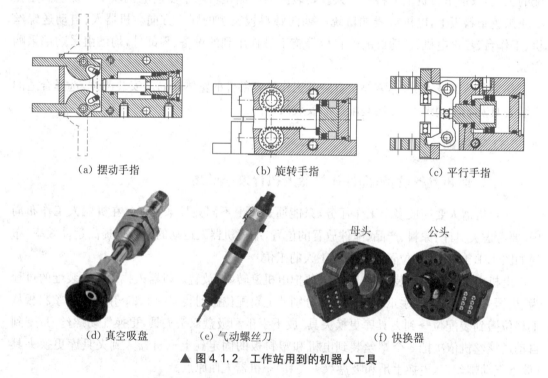

（a）摆动手指　　（b）旋转手指　　（c）平行手指

（d）真空吸盘　　（e）气动螺丝刀　　（f）快换器

▲ 图 4.1.2　工作站用到的机器人工具

（一）每种工具独立成为一款夹具

机器人法兰安装统一规格的快换器公头，用 3 个快换器的母头分别装上手爪、吸盘、螺丝刀。机器人先用手爪把电机搬到安装位，再用吸盘把塑料板放到电机上，最后换上螺丝刀取螺丝和拧螺丝。这样，机器人需要在夹具库更换两次夹具才能完成一次装配，出现较多的重复运动轨迹,执行效率低。

(二)把手爪和吸盘组合在一起

把手爪和吸盘组合为双头夹具,装在一个快换器母头上。由于原料区放有电机和塑料板,机器人取电机和取塑料板,除逼近点、工作点不同外,中间路径可以相同。机器人取完电机只要旋转一下第六轴,就能变成用吸盘去吸塑料板。由于螺丝振动盘跟原料区不在同一位置,因此把气动螺丝刀装在快换接头上作为一个独立的夹具。此方案中,机器人在完成一次工作过程时只需到夹具库换一次夹具。

(三)3 种工具组合在一起装在机器人第六轴

把 3 种工具一次性装在机器人第六轴法兰上,能省去快换器,也可以节约更换夹具的时间。吸盘、手爪、快换器都带有气管,机器人要旋转 3 个不同的角度更换工具,容易导致气管扭曲过大。每种工具的长度、体积不同,机器人示教定点困难,运动起来十分笨重。

因此,选用手爪和吸盘组合在一起、气动螺丝刀独立成一款夹具的方案。

三、布置装配平台以方便工人操作且不影响机器人运动

工位上有上下料工人在操作,工作台上的原料(步进电机、塑料板)和装配成品要在机器人可以运动到达的范围。

工业机器人装配平台不但要确保机器人安全、高效运行,还要确保上下料工人安全、方便操作,只有这样,才能使工业机器人装配平台运行正常。工业机器人装配平台的平面设计应当保证零件的装配路线最短,工业机器人工作便利,生产工人操作方便,最有效地利用场地面积,并考虑工业机器人装配工具与工件之间的相互衔接。为满足这些要求,把位置 A 定为人工操作点。

四、确定装配用到的螺丝规格

电机及其尺寸如图 4.1.3(b)所示,根据螺丝孔的规格,选用 M5 的平头螺丝。表 4.1.1 是国标中平头螺丝的规格,可以查到各类标准的螺丝规格。气动螺丝刀的刀具要根据螺丝的公称直径来匹配。气动螺丝刀的扭力往往要根据经验调试,要调节到螺丝上紧不打滑,且不因太紧而损坏螺纹。

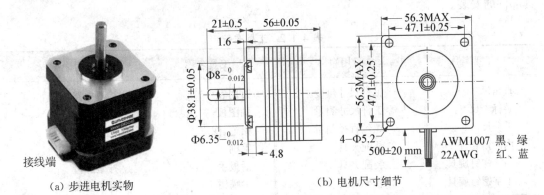

(a) 步进电机实物　　　　　　　　　　(b) 电机尺寸细节

▲ 图 4.1.3 电机尺寸

表 4.1.1　国标中平头螺丝的规格表　　　　　　　　　　　单位:mm

公称直径 d	螺距 P	K				S		
		A		B		max	min	
		max	min	max	min		A	B
M1.6	0.35	1.22	0.9	/	/	3.2	3.02	/
M2	0.4	1.52	1.28	/	/	4	3.82	/
M2.5	0.45	1.82	1.58	/	/	5	4.82	/
M3	0.5	2.12	1.88	/	/	5.5	5.32	/
M3.5	0.6	2.52	2.28	/	/	6	5.82	/
M4	0.7	2.92	2.68	3	2.8	7	6.78	6.64
M5	0.8	3.65	3.35	3.74	3.26	8	7.78	7.64
M6	1	4.15	3.85	4.24	3.76	10	9.78	9.64
M7	1	4.95	4.65	5.045	4.56	11	10.73	10.57
M8	1.25	5.45	5.15	5.54	5.06	13	12.73	12.57
M10	1.5	6.56	6.22	6.69	6.11	17	16.73	16.57
M12	1.75	7.68	7.32	7.79	7.21	19	18.67	18.48

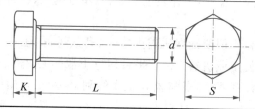

 任务准备

一、安装工具准备

安装工具对机械工作的安装速度有较大的影响。安装工具没有统一的标准,可以在工具市场中选用合适的。在表 4.1.2 中,列出了一种安装工具选用的参考方案,主要用于各夹具部件的安装。

表 4.1.2　工具准备

工具名称	用途	工具名称	用途
直角尺	工件尺寸量度	万用表	检测电路故障
游标卡尺	工件尺寸测量	画图板	辅助制图
千分尺	螺丝直径测量	铅笔、橡皮	记录、制图
内六角套件	装配夹具	毛刷	清洁平台
一字螺钉旋具	装配夹具	活扳手	拧紧螺母
十字螺钉旋具	装配夹具	尖嘴钳	辅助安装

二、安装气压检测器

如果手爪夹取过程中工件掉落,会损坏工件。由于快换接头是用气压控制的,气压不足会导致整个夹具掉落,因此需要安装气压检测保护装置,当气压不足时机器人不能启动。图4.1.4 所示是一款欧姆龙压力开关,可以把检测出的压力转换为 4~20 mA 电信号输出给控制器。

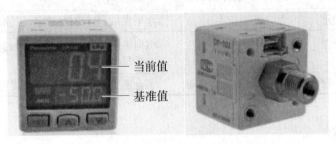

▲ 图 4.1.4　压力开关

 任务实施

一、测绘产品安装尺寸图

根据工艺要求和电机、塑料板的尺寸,现场测量后,绘制装配后的成品平面图,如图4.1.5 所示。

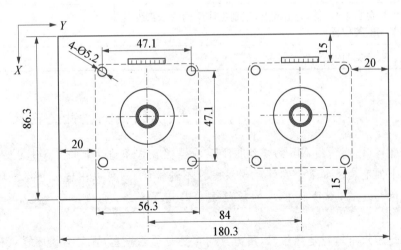

▲ 图 4.1.5　测绘后的产品安装尺寸图

二、规范安装夹具

夹具安装是否正确、可靠、迅速和方便,会影响加工质量和生产率。夹具安装要按照规范进行，见表4.1.3。特别要弄清楚工具工作时的方向，要将工作方向面对工件，不能出现背对或者是倾斜的情况。

表4.1.3 夹具安装要求事项

项目	要求事项	不良后果	改善方案
夹具安装	牢固稳定	夹具松动，损伤工件、刀具、机器人	锁紧压爪够力，不得在机器人中形成轴心旋转隐患
	无变形	加工不稳定	水平夹爪，平行对称锁紧，压、爪位对点，校正合格
	无干涉	妨碍装夹/加工	侧向多点压锁，尽量避免压块凸出防碍工件定位，尽量横向靠外，纵向居中
	耐冲击	损伤工件，夹具移动	锁合速度力度合适，遇撞时要重新校准夹具

 任务评价

完成本任务的操作后，根据考证考点，请你按表4.1.4检查自己是否学会了考证必须掌握的内容。

表4.1.4 工业机器人装配平台安装与调试评价表

序号	鉴定评分点	是/否	备注
1	能根据产品安装要求测绘安装尺寸图		
2	正确选择多头夹具、快换接头，实现夹具快速更换		
3	以提高生产效率为出发点，规划工作站内每个部件的安装位置		
4	安全文明生产		

技巧

在拧螺丝时，有时用M5的螺丝拧M5的螺丝孔拧不进去，可以用锉刀磨掉螺丝口生产时留下的毛刺。如果个别螺丝因误差拧不进螺丝孔，可以用锉刀修磨螺纹的厚度。但多个螺丝都这样，说明该批次的螺丝误差超出了范围，属于不合格品，要更换整批螺丝。

无论是用六角匙还是螺丝刀，用力方向都要与螺丝垂直，否则会损坏螺丝孔的螺纹。万一螺丝孔的螺丝是倾斜拧进去的，应更换螺丝，否则再次拧螺丝时螺丝孔就会打滑。因此，只能用钳工攻丝的方法把螺丝孔攻大一个规格，再配上大一级的螺丝。

任务二 工业机器人装配示教编程

学习目标

1. 能根据产品安装尺寸图确定偏移指令的偏移值。
2. 能根据装配要求使用不同的夹具完成产品装配。
3. 能根据实际任务规划最优工作路径,确定轨迹点。

任务描述

完成前期工作站整体布局和安装后,着手工作站的编程调试。为规范操作,积累日后改造的经验,制造部主管要求你合理规划机器人运动轨迹,不留多余过渡点,以提高生产效率,月末在部门例会上作施工工作汇报。请你画出示教点的轨迹示意图、程序框架,完成机器人装配程序的编写和调试。

任务分析

一、机器人运动轨迹规划

根据任务的特点,从缩短运动路径出发,规划运动轨迹如图 4.2.1 所示,各定点说明见表 4.2.1。

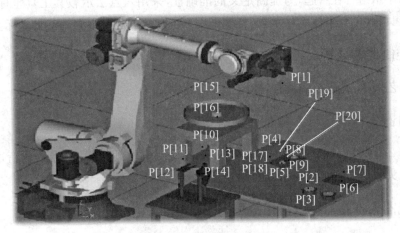

▲ 图 4.2.1 装配轨迹定点

表 4.2.1　机器人工作点位分配

点号	位　　置	点号	位　　置
P[1]	机器人原始点 HOME	P[2]	夹取电机的逼近点
P[3]	夹取电机工作点	P[4]	电机放置的逼近点
P[5]	电机放置工作点	P[6]	盖板吸取的逼近点
P[7]	盖板吸取工作点	P[8]	盖板放置的逼近点
P[9]	盖板放置工作点	P[10]	夹具库的逼近点
P[11]	双头夹具的逼近点	P[12]	双头夹具(松开/夹取)工作点
P[13]	螺丝刀夹具的逼近点	P[14]	夹取螺丝刀夹具的工作点
P[15]	夹取螺钉的逼近点	P[16]	夹取螺钉工作点
P[17]	第一台机安装螺钉的逼近点	P[18]	第一台机安装螺钉的工作点
P[19]	第二台机安装螺钉的逼近点	P[20]	第二台机安装螺钉的工作点

二、工具坐标 TCP 规划

工具坐标系是把机器人法兰中心的坐标系迁移到所装工具的尖端或中心。工具坐标系是一个动态坐标系,其方向随腕部的移动而发生变化。工具坐标的移动,以工具的有效方向为基准,与机器人的位置、姿势无关,所以相对于工件而不改变工具姿势的平行移动操作最为适宜。

建立了工具坐标系后,机器人的控制点也转移到了工具的尖端点上。示教时,可以利用控制点不变的操作,方便地调整工具姿态,并可使插补运算时轨迹更为精确。

本工作站对 3 个工具分别确立 3 个工具坐标系,让 3 个工具的坐标都独立不冲突。气动螺丝刀尖端较小,其 Z 方向与机器人的 Z 方向相同,采用三点法示教;塑料板的吸盘有一定宽度且与手爪组合在一起,为提高定义的准确性,采用六点法示教其工具坐标;手爪是带有面积的工具,其工具坐标不易示教,直接采用系统默认的法兰中心的工具坐标。

三、控制逻辑分析

根据工艺要求,梳理控制流程,如图 4.2.2 所示。

四、机器人自动运行 I/O 配置

如图 4.2.3 所示,螺丝振动盘的光电传感器检测螺丝到位后,机器人执行取螺丝的动作。快换接头采用 24 V 电磁阀,以控制锁紧与松开两种状态。

五、机器人寄存器指令应用分析

由于安装孔的水平、垂直尺寸都是规则的直线尺寸,只要示教一个点,就可以用偏移指令让机器人运动到其他点,从而减少定点数量,提高运动准确性。

偏移指令与位置寄存器 PR 配合使用。位置寄存器 PR[i]是全局变量,其记录的是点的

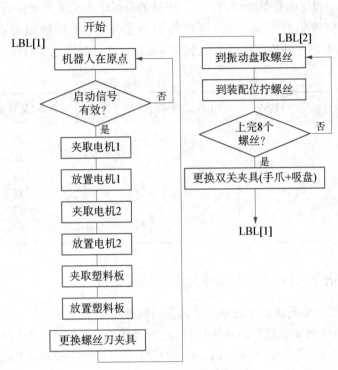

▲ 图 4.2.2　装配控制逻辑

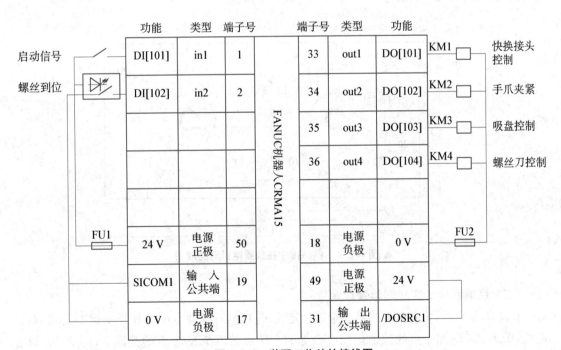

▲ 图 4.2.3　装配工作站的接线图

6个坐标值。PR[i]表达的是某个点，PR[i,j]表达的是某个点的6个坐标值的其中一个。位置寄存器是记录位置信息的寄存器，可以做加减运算，用法和数据寄存器类似。指定PR[i,j]的轴j时，可以在世界坐标或关节坐标下表达。在示教器监控时标记见表4.2.2。

表4.2.2　PR[i,j]坐标值标记符号

轴	Lpos（世界坐标）	Jpos（关节坐标）
j=1	X	J1
j=2	Y	J2
j=3	Z	J3
j=4	W	J4
j=5	P	J5
j=6	R	J6

六、用偏移指令 OFFSET 实现同类点的快速定位

（一）以两电机中心距离值作为电机2放置的偏移值

为了减少电机1和2放置时的水平误差，实现直线偏移，如图4.2.4所示，电机2的位置是电机1的位置在Y轴方向偏移84 mm。执行"L P[5] 200mm/sec FINE"，机器人运动到电机1的放置点；执行"L P[5] 200mm/sec FINE offset，PR[2]"，机器人会叠加偏移量PR[2]，运动到电机2的放置点。

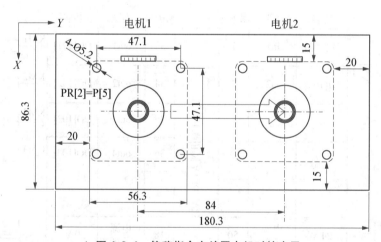

▲ 图4.2.4　偏移指令在放置电机时的应用

（二）用偏移指令实现螺丝装配定位

如图4.2.5所示，电机1的第一个螺丝定位 P[18]后，其他点可以在其基础上实现偏移定位，A、B、C、D 四个点的数值是依次叠加的。B 点的值是在 A 点的基础上，向 X 轴方向偏移47.1 mm，C 点的值是在 B 点的基础上沿 Y 轴方向偏移47.1 mm，D 点的值是在 C 点的基础上往 X 轴的负方向偏移47.1 mm。电机2的第一个螺丝定位 P[19]后，其他点可以

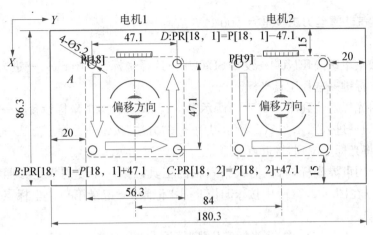

▲ 图 4.2.5　偏移指令在上螺丝时的应用

在其基础上实现偏移定位。

 任务准备

一、三点法标定气动螺丝刀工具坐标

（一）示教工具坐标用到的尖细辅助工具

要将工具坐标从机器人第六轴法兰中心迁移到工具尖端来，需要找一个参照物，这个参照物最好是有棱角的物体，如图 4.2.6 所示。三点法示教工具坐标的本质，是让机器人从 3 个不同姿态靠近参照物尖端，控制系统运算后告诉机器人工具的尖端在哪里。

▲ 图 4.2.6　示教工具坐标用到的尖细辅助物举例

关键点 ·····································

　　机器人在不同姿态对准参照物尖端时，一定要准确接触尖端，不能偏差太大。否则，工具坐标会偏离工具尖端，定义工具坐标失败。

（二）设定气动螺丝刀工具坐标 Tool1

步骤如下：

步骤一：按菜单键[MENU]→设置 SETUP→选择坐标系（Frames）→进入图 4.2.7(b)所示界面，按坐标键→选择工具坐标。

步骤二：将光标定位到图 4.2.7(c)所示第一行，即 TOOL1 坐标设置行→按[ENTER]键或"详细"按钮→进入图 4.2.7(d)所示界面→按"方法"按钮→选择三点法→进入图 4.2.7(e)所示界面，将光标定位到"接近点 1"。

步骤三：使用世界坐标，将机器人第六轴的工具以第一个姿态靠近参照物终端，如图 4.2.7(f)所示→在图 4.2.7(e)中按[SHIFT]+"记录"→记录第一个坐标点的位置，如图 4.2.7(g)所示。

步骤四：在图 4.2.7(g)中，将光标定位到"接近点 2"：

（1）把示教坐标切换成关节坐标（JOINT），旋转 J6 轴（法兰面）至少 90°，不要超过 360°。

（2）把示教坐标切换成世界坐标（WORLD）后移动机器人，使工具尖端接触到工具尖端，如图 4.2.7(h)所示。

（3）在图 4.2.7(g)中按[SHIFT]+"记录"，记录第二个接近点的坐标值。

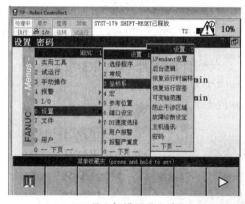

（a）工具坐标设置进入路径

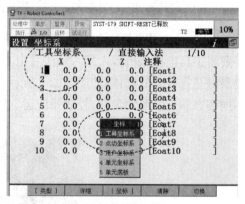

（b）坐标类型选择

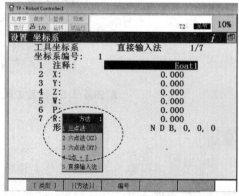

（c）选择 TOOL1

（d）TOOL 详细信息

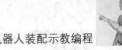

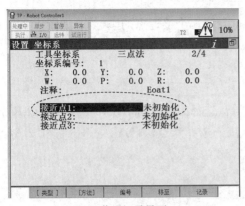

（e）位置记录界面

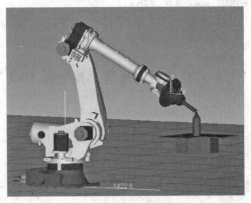

（f）第一个姿态

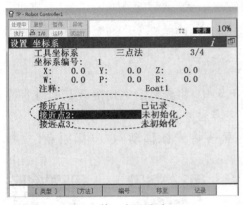

（g）第一点记录后

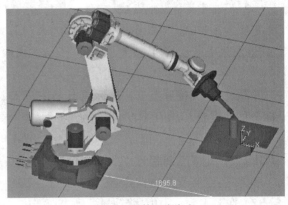

（h）记录第二姿态点

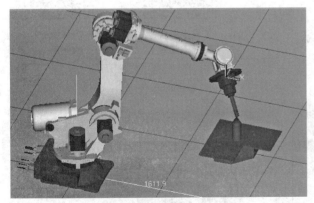

（i）记录第三姿态点

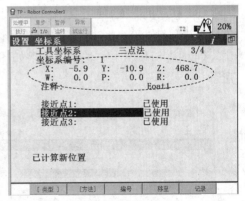

（j）示教结束

▲ 图 4.2.7　三点法示教工具坐标

步骤五：在图 4.2.7(g)中，将光标定位到"接近点 3"：

（1）把示教坐标切换成关节坐标（JOINT），旋转 J4 轴和 J5 轴，不要超过 90°。

（2）把示教坐标切换成世界坐标（WORLD）后移动机器人，使工具尖端接触到工具尖端,如图 4.2.7(i)所示。

(3) 在图 4.2.7(g)中按[SHIFT]＋"记录",记录第三个接近点的坐标值,如图 4.2.7(j)所示。

二、六点法标定吸盘工具坐标 Tool 2

步骤一:在图 4.2.7(c)中,将光标定位到第二行,选择工具坐标 Tool2→按[ENTER]键或按"详细"按钮,进入图 4.2.8(a)所示界面→方法→选择六点法(XY)→进入图 4.2.8(b)界面。

不同点 ••••••••••••••••••••••••••••••••

工具坐标示教中三点法与六点法的差异

三点法只偏移坐标点,没有改变坐标轴的方向;六点法既可以改变坐标原点,也可以改变坐标轴方向。本任务选择"六点法(XY)",是建立 X、Y 坐标原点和平面,Z 轴不用示教,默认垂直于 X、Y 所建立坐标平面,方向向上。

步骤二:定义接近点 1 和坐标原点。在图 4.2.8(b)中,将光标定位到接近点 1,在世界坐标下移动机器人,使工具尖端接触到参照物尖端,工具轴平行于世界坐标,如图 4.2.8(c)所示。按[SHIFT]＋"记录"→如图 4.2.8(d)界面→将光标移动到"坐标原点"→按[SHIFT]＋"记录",将接近点 1 和坐标原点作同一点处理。

步骤三:定义＋X 方向点:

(1) 在图 4.2.8(d)中,移动光标到"X方向点"。

(2) 把示教器坐标切换成世界坐标(WORLD)。

(3) 移动机器人,使工具沿所需要设定的＋X 方向至少移动 250 mm,如图 4.2.8(e)所示。

(4) 按[SHIFT]＋"记录",结果如图 4.2.8(f)所示。

工具坐标检验与定点示教

偏移指令的使用

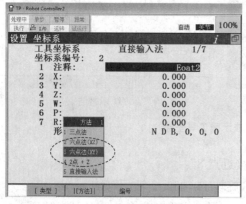

(a) 选择六点法(XY)

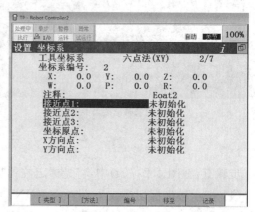

(b) 标记界面

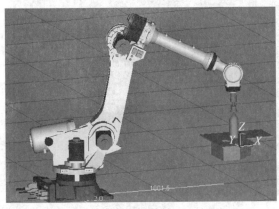

（c）接近点 1 和坐标原点位置

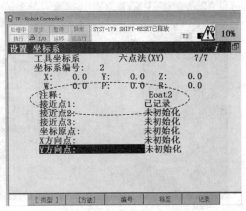

（d）记录接近点 1

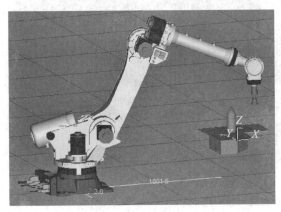

（e）+X 方向

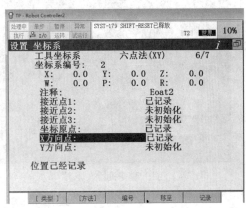

（f）记录+X 方向

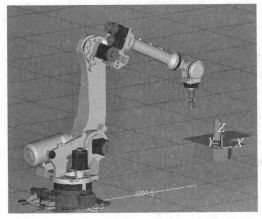

（g）+Y 方向

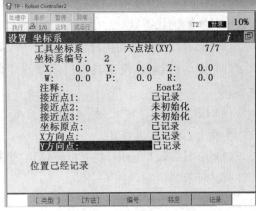

（h）记录 Y 方向

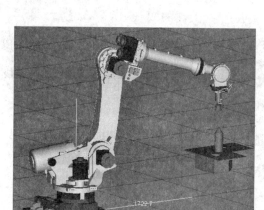

(i) 改变机器人姿态

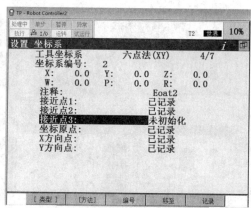

(j) 记录接近点 2

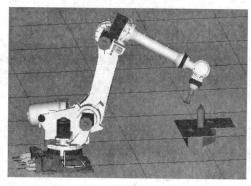

(k) 改变机器人姿态

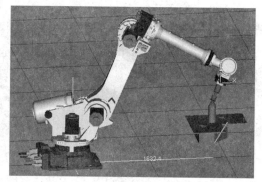

(l) 接近点 3 对点

▲ 图 4.2.8　六点法示教工具坐标

步骤四:定义＋Y 方向点:

(1) 在图 4.2.8(f)中,将光标定位到"坐标原点"→[SHIFT]＋"移至",让机器人回到图 4.2.8(c)所示的状态,以便从原点开始示教 Y 方向点偏移。

(2) 把示教器坐标切换成世界坐标(WORLD)。

(3) 移动机器人,使工具沿所需要设定的＋Y 方向至少移动 250 mm,如图 4.2.8(g) 所示。

(4) 按[SHIFT]＋"记录",结果如图 4.2.8(h)所示。

步骤五:记录接近点 2:

(1) 在图 4.2.8(h)中,将光标定位到"坐标原点"→[SHIFT]＋"移至",让机器人回到图 4.2.8(c)所示的状态。

(2) 把示教坐标切换成世界坐标(WORLD)。

(3) 沿世界坐标＋Z 方向移动机器人 50 mm 左右。

(4) 把示教坐标切换成关节坐标(JOINT),旋转 J6 轴至少 90°,不要超过 180°,如图 4.2.8(i)所示。

(5) 在图 4.2.8(h)中，移动光标到"接近点2"。

(6) 把示教坐标切换成世界坐标系，WORLD后移动机器人，使工具尖端接触到参照物尖端。

(7) 按[SHIFT]+"记录"，结果如图 4.2.8(j)所示。

步骤六：记录第接近点3：

(1) 把示教坐标切换成关节坐标(JOINT)，旋转J4轴和J5轴，不要超过90°，如图 4.2.8(k)所示。

(2) 把示教坐标切换成世界坐标(WORLD)，移动机器人，使工具尖端接触到参照物尖端，如图 4.2.8(l)所示。

(3) 在图 4.2.8(j)中，将光标定位到"接近点3"→[按 SHIFT]+"记录"，示教结束，结果如图 4.2.9 所示。

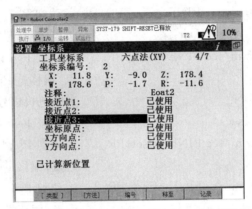

▲ 图 4.2.9　六点法示教工具坐标生成坐标数据

 任务实施

一、示教定点时工具坐标的切换

在对机器人编程定点时，要根据所用的工具，切换相应的工具坐标。在使用气动螺丝刀示教定点时，选用工具坐标 Tool1；在使用吸盘示教定点时，选用工具坐标 Tool2；在使用手爪示教定点时，选用工具坐标 Tool0。

工程经验 ●●●●●●●●●●●●●●●●●●●●●●●●●●●●●●●●

工具坐标的实质

建立了工具坐标系后，机器人的控制点也转移到了工具的尖端点上。示教时，可以利用控制点不变的操作，方便地调整工具姿态进行定点，并可使插补运算时轨迹更为精确。所以，不管是什么机型的机器人，什么用途，只要安装的工具有个尖端，在示教定点前都要准确地建立工具坐标系。

二、程序编写

主程序 RSR0001 如下：

1：	UFRAME_NUM＝1	调用用户坐标 1
2：	UTOOL_NUM＝0	调用工具坐标 0
3：	OVERRIDE＝30％	调试时限速 30％，实际运行可以删除此行
4：	DO[101]＝ON	机器人原始状态装上了双头夹具
5：	J P[1:HOME] 100％ FINE	机器人原始点 HOME
6：	PR[1]＝PR[5]	PR[5]＝0,0,0;PR[1]清零
7：	PR[2]＝PR[5]	PR[5]＝0,0,0;PR[2]清零
8：	L P[2] 200mm/sec FINE offset,PR[1]	运动到 P[2]点第一个夹取电机的逼近点，偏移量 PR[1]
9：	L P[3] 200mm/sec FINE offset,PR[1]	运动到 P[3]点第一个夹取电机工作点，偏移量 PR[1]
10：	DO[102]＝ON	夹紧电机信号
11：	WAIT .50(sec)	夹紧缓冲
12：	L P[2] 200mm/sec FINE offset,PR[1]	运动到 P[2]点第一个夹取电机的逼近点，偏移量 PR[1]
13：	L P[4] 200mm/sec FINE offset,PR[2]	运动到 P[4]点第一个电机放置的逼近点，偏移量 PR[2]
14：	L P[5] 200mm/sec FINE offset,PR[2]	运动到 P[5]点第一个电机放置工作点，偏移量 PR[2]
15：	DO[102]＝OFF	松开电动机信号
16：	WAIT .50(sec)	松开缓冲
17：	L P[4] 200mm/sec FINE offset,PR[2]	运动到 P[4]点第一个电机放置的逼近点，偏移量 PR[2]
18：	L P[2] 200mm/sec FINE offset,PR[1]	运动到 P[2]点第一个夹取电机的逼近点，偏移量 PR[1]
19：	PR[1,1]＝PR[1,1]+84	夹取偏移量
20：	PR[2,2]＝PR[2,2]+84	放置偏移量
21：	L P[2] 200mm/sec FINE offset,PR[1]	运动到 P[2]点第二个夹取电机的逼近点，偏移量 PR[1]
22：	L P[3] 200mm/sec FINE offset,PR[1]	运动到 P[3]第二个夹取工作点，偏移量 PR[1]

23：	DO［102］＝ON	夹紧电机信号
24：	WAIT ．50（sec）	夹紧电机等待 0.50 s
25：	L P［2］200mm/sec FINE offset,PR［1］	运动到 P［2］点第二个夹取电机的逼近点,偏移量 PR［1］
26：	L P［4］200mm/sec FINE offset,PR［2］	运动到 P［4］点第二个电机放置的逼近点,偏移量 PR［2］
27：	L P［5］200mm/sec FINE offset,PR［2］	运动到 P［5］点第二个电机放置工作点,偏移量 PR［2］
28：	DO［102］＝OFF	松开电机信号
29：	WAIT ．50（sec）	松开电机等待 0.50 s
30：	L P［4］200mm/sec FINE offset,PR［2］	运动到 P［4］点第二个电机放置的逼近点,偏移量 PR［2］
31：	L P［2］200mm/sec FINE offset,PR［1］	运动到 P［2］点第二个夹取电机的逼近点,偏移量 PR［1］
32：	UFRAME_NUM＝1	调用用户坐标1
33：	UTOOL_NUM＝2	调用工具坐标2
34：	L P［6］200mm/sec CNT50	运动到 P［6］点盖板吸取的逼近点
35：	L P［7］200mm/sec FINE	运动到 P［7］点盖板吸取工作点
36：	DO［103］＝ON	吸取盖板信号
37：	WAIT ．50（sec）	等待吸取盖板 0.50 s
38：	L P［6］200mm/sec CNT50	运动到 P［6］点盖板吸取的逼近点
39：	L P［8］200mm/sec FINE	运动到 P［8］点盖板放置的逼近点
42：	L P［9］200mm/sec FINE	运动到 P［9］点盖板放置工作点
43：	DO［103］＝OFF	放置盖板信号
44：	WAIT ．50（sec）	等待放置盖板 0.50 s
45：	L P［8］200mm/sec FINE	运动到 P［8］点盖板放置的逼近点
46：	L P［6］200mm/sec CNT50	运动到 P［6］点盖板吸取的逼近点
47：	L P［10］200mm/sec CNT50	运动到 P［10］点夹具库的逼近点
48：	L P［11］200mm/sec FINE	运动到 P［11］点双头夹具的逼近点
49：	L P［12］200mm/sec FINE	运动到 P［12］点双头夹具(松开/夹取)工作点
50：	DO［101］＝OFF	松开双头夹具信号
51：	WAIT ．50（sec）	等待松开双头夹具 0.50 s
52：	L P［11］200mm/sec FINE	运动到 P［11］点双头夹具的逼近点
53：	L P［10］200mm/sec CNT50	运动到 P［10］点夹具库的逼近点
54：	L P［13］200mm/sec CNT50	运动到 P［13］点螺丝刀夹具的逼近点

55：	L P[14] 200mm/sec FINE	运动到 P[14]点夹取螺丝刀夹具的工作点
56：	DO[101]＝ON	夹取螺丝刀信号
57：	WAIT .50(sec)	等待夹取螺丝刀 0.50 s
58：	L P[13] 200mm/sec CNT 50	运动到 P[13]点螺丝刀夹具的逼近点
59：	L P[10] 200mm/sec CNT 50	运动到 P[10]点夹具库的逼近点
60：	UFRAME_NUM＝1	调用用户坐标1
61：	UTOOL_NUM＝1	调用工具坐标1
62：	PR[3]＝PR[5]	PR[5]＝0,0,0;PR[3]清零
63：	L P[15] 200mm/sec FINE	运动到 P[15]点夹取螺钉的逼近点
64：	WAIT DI[102]＝ON	等待螺钉到位信号
65：	L P[16] 200mm/sec FINE	运动到 P[16]点夹取螺钉工作点取螺丝
66：	WAIT .50(sec)	等待夹取螺钉 0.50 s
67：	L P[15] 200mm/sec FINE	运动到 P[15]点夹取螺钉的逼近点
68：	L P[17] 200mm/sec FINE offset,PR[3]	运动到 P[17]点第一台机安装螺钉第一个逼近点,偏移量 PR[3]
69：	L P[18] 200mm/sec FINE offset,PR[3]	运动到 P[18]点第一台机安装螺钉第一个工作点,偏移量 PR[3]
70：	DO[104]＝ON	安装螺钉信号
71：	WAIT .50(sec)	等待安装螺钉 0.50 s
72：	DO[104]＝OFF	安装螺钉完成信号
81：	L P[17] 200mm/sec FINE offset,PR[3]	运动到 P[17]点第一台机安装螺钉第一个逼近点,偏移量 PR[3]
82：	PR[3,1]＝PR[3,1]＋47.1	安装螺钉偏移量
83：	L P[15] 200mm/sec FINE	运动到 P[15]点夹取螺钉的逼近点
84：	WAIT DI[102]＝ON	等待螺钉到位信号
85：	L P[16] 200mm/sec FINE	运动到 P[16]点夹取螺钉工作点
86：	WAIT .50(sec)	等待夹取螺钉 0.50 s
87：	L P[15] 200mm/sec FINE	运动到 P[15]点夹取螺钉的逼近点
88：	L P[17] 200mm/sec FINE offset,PR[3]	运动到 P[17]点第一台机安装螺钉第二个逼近点,偏移量 PR[3]
89：	L P[18] 200mm/sec FINE offset,PR[3]	运动到 P[18]点第一台机安装螺钉第二个工作点,偏移量 PR[3]
90：	DO[104]＝ON	安装螺钉信号
91：	WAIT .50(sec)	等待安装螺钉 0.50 s

92：DO[104]=OFF	安装螺钉完成信号
97：L P[17] 200mm/sec FINE offset,PR[3]	运动到 P[17]点第一台机安装螺钉第二个逼近点,偏移量 PR[3]
98：PR[3,2]=PR[3,2]+47.1	安装螺钉偏移量
99：L P[15] 200mm/sec FINE	运动到 P[15]点夹取螺钉的逼近点
100：WAIT DI[102]=ON	等待螺钉到位信号
101：L P[16] 200mm/sec FINE	运动到 P[16]点夹取螺钉工作点
102：WAIT .50(sec)	等待夹取螺钉 0.50 s
103：L P[15] 200mm/sec FINE	运动到 P[15]点夹取螺钉的逼近点
104：L P[17] 200mm/sec FINE offset,PR[3]	运动到 P[17]点第一台机安装螺钉第三个逼近点,偏移量 PR[3]
105：L P[18] 200mm/sec FINE offset,PR[3]	运动到 P[18]点第一台机安装螺钉第三个工作点,偏移量 PR[3]
106：DO[104]=ON	安装螺钉信号
107：WAIT 1(sec)	等待安装螺钉 1 s
108：DO[104]=OFF	安装螺钉完成信号
113：L P[17] 200mm/sec FINE offset,PR[3]	运动到 P[17]点第一台机安装螺钉第三个逼近点,偏移量 PR[3]
114：PR[3,1]=PR[3,1]−47.1	安装螺钉偏移量
115：L P[15] 200mm/sec FINE	运动到 P[15]点夹取螺钉的逼近点
116：WAIT DI[102]=ON	等待螺钉到位信号
117：L P[16] 200mm/sec FINE	运动到 P[16]点夹取螺钉工作点
118：WAIT .50(sec)	等待夹取螺钉 0.50 s
119：L P[15] 200mm/sec FINE	运动到 P[15]点夹取螺钉的逼近点
120：L P[17] 200mm/sec FINE offset,PR[3]	运动到 P[17]点第一台机安装螺钉第四个逼近点,偏移量 PR[3]
121：L P[18] 200mm/sec FINE offset,PR[3]	运动到 P[18]点第一台机安装螺钉第四个工作点,偏移量 PR[3]
122：DO[104]=ON	安装螺钉信号
123：WAIT 1(sec)	等待安装螺钉 1 s
124：DO[104]=OFF	安装螺钉完成信号
131：L P[17] 200mm/sec FINE offset,PR[3]	运动到 P[17]点第一台机安装螺钉第四个逼近点,偏移量 PR[3]
133：PR[4]=PR[5]	PR[5]=0,0,0;PR[4]清零
134：L P[15] 200mm/sec FINE	运动到 P[15]点夹取螺钉的逼近点
135：WAIT DI[102]=ON	等待螺钉到位信号

136：L P[16] 200mm/sec FINE	运动到 P[16]点夹取螺钉工作点
137：WAIT .50(sec)	等待夹取螺钉 0.50 s
138：L P[15] 200mm/sec FINE	运动到 P[15]点夹取螺钉的逼近点
139：L P[19] 200mm/sec FINE offset,PR[4]	运动到 P[19]点第二台机安装螺钉第一个逼近点,偏移量 PR[4]
140：L P[20] 200mm/sec FINE offset,PR[4]	运动到 P[120]点第二台机安装螺钉第一个工作点,偏移量 PR[4]
141：DO[104]=ON	安装螺钉信号
142：WAIT 1(sec)	等待安装螺钉 1 s
143：DO[104]=OFF	安装螺钉完成信号
144：L P[19] 200mm/sec FINE offset,PR[4]	运动到 P[19]点第二台机安装螺钉第一个逼近点,偏移量 PR[4]
145：PR[4,1]=PR[4,1]+47.1	安装螺钉偏移量
146：L P[15] 200mm/sec FINE	运动到 P[15]点夹取螺钉的逼近点
147：WAIT DI[102]=ON	等待螺钉到位信号
148：L P[16] 200mm/sec FINE	运动到 P[16]点夹取螺钉工作点
149：WAIT .50(sec)	等待夹取螺钉 0.50 s
150：L P[15] 200mm/sec FINE	运动到 P[15]点夹取螺钉的逼近点
151：L P[19] 200mm/sec FINE offset,PR[4]	运动到 P[19]点第二台机安装螺钉第二个逼近点,偏移量 PR[4]
152：L P[20] 200mm/sec CNT50 offset,PR[4]	运动到 P[20]点第二台机安装螺钉第二个工作点,偏移量 PR[4]
153：DO[104]=ON	安装螺钉信号
154：WAIT 1(sec)	等待安装螺钉 1 s
156：DO[104]=OFF	安装螺钉完成信号
157：L P[19] 200mm/sec FINE offset,PR[4]	运动到 P[19]点第二台机安装螺钉第二个逼近点,偏移量 PR[4]
158：PR[4,2]=PR[4,2]+47.1	安装螺钉偏移量
159：L P[15] 200mm/sec FINE	运动到 P[15]点夹取螺钉的逼近点
160：WAIT DI[102]=ON	等待螺钉到位信号
161：L P[16] 200mm/sec FINE	运动到 P[16]点夹取螺钉工作点
162：WAIT .50(sec)	等待夹取螺钉 0.50 s
163：L P[15] 200mm/sec FINE	运动到 P[15]点夹取螺钉的逼近点
164：L P[19] 200mm/sec FINE offset,PR[4]	运动到 P[19]点第二台机安装螺钉第三个逼近点,偏移量 PR[4]

165：L P[20] 200mm/sec CNT offset,PR[4]　运动到 P[20]点第二台机安装螺钉第三个工作点,偏移量 PR[4]

166：DO[104]＝ON　安装螺钉信号

167：WAIT ．50(sec)　等待安装螺钉 0.50 s

168：DO[104]＝OFF　安装螺钉完成信号

169：L P[19] 200mm/sec FINE offset,PR[4]　运动到 P[19]点第二台机安装螺钉第三个逼近点,偏移量 PR[4]

170：PR[4,1]＝PR[4,1]－47.1　安装螺钉偏移量

171：L P[15] 200mm/sec FINE　运动到 P[15]点夹取螺钉的逼近点

172：WAIT DI[102]＝ON　等待螺钉到位信号

173：L P[16] 200mm/sec FINE　运动到 P[16]点夹取螺钉工作点

174：WAIT ．50(sec)　等待夹取螺钉 0.50 s

175：L P[15] 200mm/sec FINE　运动到 P[15]点夹取螺钉的逼近点

176：L P[19] 200mm/sec FINE offset,PR[4]　运动到 P[19]点第二台机安装螺钉第四个逼近点,偏移量 PR[4]

177：L P[20] 200mm/sec CNT50 offset,PR[4]　运动到 P[20]点第二台机安装螺钉第四个工作点,偏移量 PR[4]

178：DO[104]＝ON　安装螺钉信号

179：WAIT 1(sec)　等待安装螺钉 1 s

180：DO[104]＝OFF　安装螺钉完成信号

181：L P[19]200mm/sec FINE offset,PR[4]　运动到 P[20]点第二台机安装螺钉第四个逼近点,偏移量 PR[4]

182：UFRAME_NUM＝1　调用用户坐标 1

183：UTOOL_NUM＝2　调用工具坐标 2

184：L P[10] 200mm/sec CNT50　运动到 P[10]点夹具库的逼近点

185：L P[13] 200mm/sec CNT50　运动到 P[13]点螺丝刀夹具的逼近点

186：L P[14] 200mm/sec FINE　运动到 P[14]点夹取螺丝刀夹具的工作点

187：DO[101]＝OFF　松开螺丝刀夹具信号

188：WAIT ．50(sec)　等待松开螺丝刀夹具 0.50 s

189：L P[13] 200mm/sec CNT50　运动到 P[13]点螺丝刀夹具的逼近点

190：L P[11] 200mm/sec FINE　运动到 P[11]点双头夹具的逼近点

191：L P[12] 200mm/sec FINE　运动到 P[12]点双头夹具(松开/夹取)工作点

192：DO[101]＝ON　夹取双头夹具信号

193：WAIT ．50(sec)　等待夹取双头夹具 0.50 s

194：L P[11] 200mm/sec FINE　　　　运动到 P[11]点双头夹具的逼近点
195：J P[1:HOME] 100% CNT50　　　运动到 P[1:HOME]点回到安全点
　　　END　　　　　　　　　　　　　　结束

 任务评价

完成本任务的操作后，根据考证考点，请你按表 4.2.3 检查自己是否学会了考证必须掌握的内容。

表 4.2.3　装配平台示教编程评价表

序号	鉴定评分点	是/否	备注
1	能根据产品装配效果图确定示教过程偏移指令用到的偏移值		
2	通过编程，控制机器人根据装配要求使用不同的工具完成产品的正确装配		
3	根据实际任务规划最优工作路径实现编程		
4	能使用 PR、OFFSET 指令编程		
5	能使用三点法示教工具坐标系		
6	能使用六点法示教工具坐标系		

易错点

机器人带有多个工具，编写程序或示教点时，只用一个工具坐标，没有指定每段程序是在哪个工具坐标系下执行的。在机器人运行调试时就会发现，轨迹偏离了，不是原来示教的轨迹。

▶ 任务三　工业机器人装配程序运行及优化

 学习目标

1. 会使用模块化结构的程序思维结合子程序优化程序。
2. 会使用标准的流程图符号表达控制逻辑。
3. 在试运行的基础上，能调试机器人在全速运行下正常工作。

任务描述

在月末的汇报会上,针对你的陈述,制造部工程师们提出了一项程序修改意见和一项资料规范存档意见。要求你在原工作的基础上,提高机器人程序的可移植性,把各程序划分为不同功能模块,采用子程序表达,以一个主程序调用各子程序,以达到程序结构清晰可读性强的目的。程序的设计逻辑以流程图的方式规范绘制后,作为电子资料存档。

 任务分析

一、划分子程序使程序结构清晰

在实际生产中,为了能更好地为工作任务编程,会以机器人完成一项任务的功能划分子程序,让整体程序结构清晰合理,更容易分析理解。任务二的程序逻辑清晰,但可读性差,给编程调试和集中研究带来困难。子程序和主程序的功能规划如图 4.3.1 所示。主程序要被自动运行的信号调用,因此为 RSR 或 PNS 开头;子程序可以命名一个容易理解的名字。当一个子程序被调用时,程序指针会转移到该子程序。该子程序执行完,程序指针会跳回主程序,继续执行调用子程序时的下一行程序。

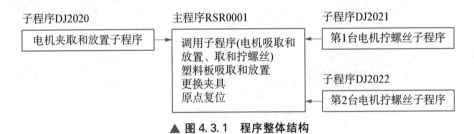

▲ 图 4.3.1 程序整体结构

一个项目只有一个主程序,主程序除了调用各功能子程序外,还要完成一些不便放入子程序的功能,如更换夹具、塑料板装配、初始化和原点复位等。

二、优化控制逻辑以防止机器人误动作

为了加强控制的可靠性,防止机器人在没有料时盲目工作,在图 4.3.2 所示的控制逻辑中,给原料位置的两台电机和塑料板增加了检查信号。当该位置无料时,机器人原地等待,直至有料放上才开始工作。

在整体结构上,按照"夹取原料→放置原料→执行装配→复位"来规划,比任务二的逻辑更加清晰。

三、采集安全信号并优化机器人自动运行 I/O 接线图

设计 I/O 接线如图 4.3.3 所示。

开始
LBL[1]
机器人在原点
启动信号有效?
否
是
电机1位置有料?
否
是
DJ2020
电机夹取和放置子程序
机器人到夹取逼近点
电机2位置有料?
否
是
DJ2020
电机夹取和放置子程序
机器人到夹取逼近点
塑料板位置有料?
否
是
取和装配塑料板
更换夹具(螺丝刀)
DJ2021
第1台电机拧螺丝子程序
螺丝到位
DI[102]
DJ2022
第2台电机拧螺丝子程序
更换双头夹具(手爪+吸盘)
LBL[1]

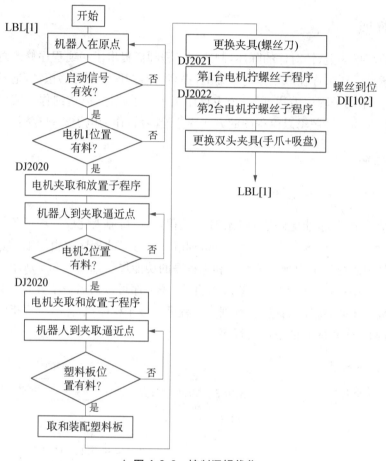

▲ 图 4.3.2 控制逻辑优化

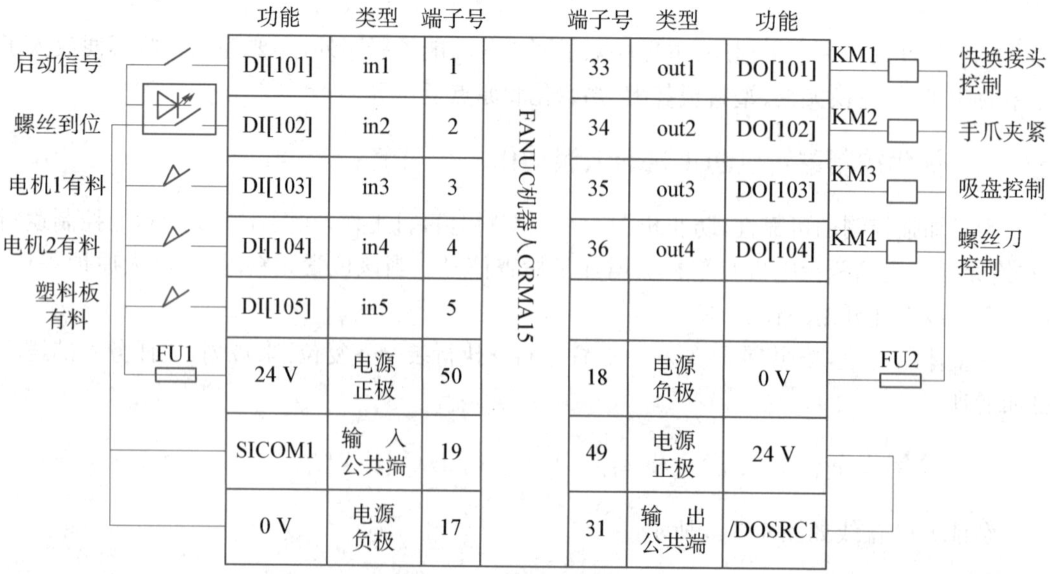

功能 类型 端子号
端子号 类型 功能
启动信号 DI[101] in1 1
螺丝到位 DI[102] in2 2
电机1有料 DI[103] in3 3
电机2有料 DI[104] in4 4
塑料板有料 DI[105] in5 5
FU1 24 V 电源正极 50
SICOM1 输入公共端 19
0 V 电源负极 17
FANUC机器人CRMA15
33 out1 DO[101] KM1 快换接头控制
34 out2 DO[102] KM2 手爪夹紧
35 out3 DO[103] KM3 吸盘控制
36 out4 DO[104] KM4 螺丝刀控制
18 电源负极 0 V FU2
49 电源正极 24 V
31 输出公共端 /DOSRC1

▲ 图 4.3.3 机器人舞台灯旋转控制步进电机组装配工作站的接线图

四、使用子程序调用指令优化程序

子程序是一个可以独立运行的程序，可以被多次调用。不一定主程序才可以调用，子程序也可以调用其他子程序。其使用格式如下：

Call(Program)　　Program：程序名

例如，

CALL TEXT99

 任务准备

一、空载运行时安全检查

机器人采用 CNT 作为点间的过渡，能提高执行效率，不用像 FINE 结束那样，运行到一个点就停顿一下，因此任务二不少点用了 CNT 指令。为防止全速运行时，机器人两个连续点之间的过渡半径改变而导致机器人碰撞外围设备。因此，应尽可能撤掉夹具库中夹具架，撤走未装配的电机和塑料板，让机器人空载运行一次。

二、自动全速运行调试前准备

准备如下：

（1）检查过渡点半径的变化是否影响机器人完成装配任务。

（2）检查是否会因为速度的提高影响定点精度。若机器人到达工作点时制动，产生较大的振动，考虑是否由于运动速度过大或工具过重引起，根据实际调试来降低速度和设置缓冲时间。

（3）随着速度提高，机器人姿态变换，检查速度提高后是否会出现奇异点报警。

机器人低速运行正常，但不代表全速运行时不会出现奇异点报警；出现奇异点时，会在示教器中看到程序指针在该点的指令处停下。重新示教该点附近的点，以解决报警。

三、子程序编写及调试运行

（一）电机夹取与放置子程序 DJ2020

1：	UFRAME_NUM=1	调用用户坐标1
2：	UTOOL_NUM=0	调用工具坐标3
3：	OVERRIDE=30%	调试时限速30%，实际运行可以删除此行
4：	L P[2] 200mm/sec FINE offset,PR[1]	运动到 P[2]点第一个夹取电机的逼近点，偏移量 PR[1]

5：	L P[3] 200mm/sec FINE offset,PR[1]	运动到P[3]点第一个夹取电动机工作点,偏移量PR[1]
6：	DO[102]=ON	夹紧电机信号
7：	WAIT .50(sec)	夹紧电机等待0.50 s
8：	L P[2] 200mm/sec FINE offset,PR[1]	运动到P[2]点第一个夹取电机的逼近点,偏移量PR[1]
9：	L P[4] 200mm/sec FINE offset,PR[2]	运动到P[4]点第一个电机放置的逼近点,偏移量PR[2]
10：	L P[5] 200mm/sec FINE offset,PR[2]	运动到P[5]点第一个电机放置工作点,偏移量PR[2]
11：	DO[102]=OFF	松开电动机信号
12：	WAIT .50(sec)	松开电动机等待0.50 s
13：	L P[4] 200mm/sec FINE offset,PR[2]	运动到P[4]点第一个电机放置的逼近点,偏移量PR[2]
	END	结束

(二) 第一台电动机拧螺丝子程序 DJ2021

1：	UFRAME_NUM=1	调用用户坐标1
2：	UTOOL_NUM=1	调用工具坐标1
3：	L P[15] 200mm/sec FINE	运动到P[15]点夹取螺钉的逼近点
4：	WAIT DI[102]=ON	等待安装螺钉到位信号
5：	L P[16] 200mm/sec FINE	运动到P[16]点夹取螺钉工作点
6：	DO[104]=OFF	夹取螺钉信号
7：	WAIT 0.50(sec)	等待夹取螺钉0.50 s
8：	L P[15] 200mm/sec FINE	运动到P[15]点夹取螺钉的逼近点
9：	L P[17] 200mm/sec FINE offset,PR[3]	运动到P[17]点第一台电机安装螺钉逼近点,偏移量PR[3]
10：	L P[18] 200mm/sec CNT50 offset,PR[3]	运动到P[18]点第一台电机安装螺钉工作点,偏移量PR[3]
11：	DO[104]=ON	安装螺钉信号
12：	WAIT 1(sec)	等待安装螺钉1 s
13：	DO[104]=OFF	安装螺钉完成信号
14：	L P[17] 200mm/sec FINE offset,PR[3]	运动到P[17]点第一台电机安装螺钉逼近点,偏移量PR[3]
	END	结束

（三）第二台电动机拧螺丝子程序 DJ2022

行号	指令	说明
1：	UFRAME_NUM=1	调用用户坐标1
2：	UTOOL_NUM=1	调用工具坐标1
3：	L P[15] 200mm/sec FINE	运动到 P[15]点夹取螺钉的逼近点
4：	WAIT DI[102]=ON	等待安装螺钉到位信号
5：	L P[16] 200mm/sec FINE	运动到 P[16]点夹取螺钉工作点
6：	DO[104]=OFF	夹取螺钉信号
7：	WAIT .50(sec)	等待夹取螺钉 0.50 s
8：	L P[15] 200mm/sec FINE	运动到 P[15]点夹取螺钉的逼近点
9：	L P[19] 200mm/sec FINE offset,PR[4]	运动到 P[19]点第二台电机安装螺钉逼近点,偏移量 PR[4]
10：	L P[20] 200mm/sec CNT50 offset,PR[4]	运动到 P[20]点第二台电机安装螺钉工作点,偏移量 PR[4]
11：	DO[104]=ON	安装螺钉信号
12：	WAIT 1(sec)	等待安装螺钉 1 s
13：	DO[104]=OFF	安装螺钉完成信号
14：	L P[19] 200mm/sec FINE offset,PR[3]	运动到 P[17]点第一台电机安装螺钉逼近点,偏移量 PR[4]
	END	结束

 任务实施

经过模块化的修改,任务二的程序改变如下(主程序 RSR0001),包含各子程序的调用、塑料板的安装、原点复位：

行号	指令	说明
1：	LBL[1]	标签1
2：	UFRAME_NUM=1	调用用户坐标1
3：	UTOOL_NUM=0	调用工具坐标0
4：	OVERRIDE=30%	调试时限速30%,实际运行可以删除此行
5：	DO[101]=ON	快换接头有效
6：	LBL[2]	标签2
7：	J P[1:HOME] 100% CNT	机器人原始点 HOME
8：	IF DI[101]<>ON,JMP LBL[2]	DI[101]不等于 ON 跳转到标签2
9：	PR[1]=PR[5]	PR[5]=0,0,0;PR[1]清零
10：	PR[2]=PR[5]	PR[5]=0,0,0;PR[2]清零
21：	IF DI[103]<>ON,JMP LBL[2]	DI[103]不等于 ON 跳转到标签2
22：	CALL DJ2020	呼叫电机夹取与放置子程序 DJ2020

23：	PR[1,1]=PR[1,1]+84	夹取偏移量
24：	PR[2,2]=PR[2,2]+84	放置偏移量
25：	LBL[3]	标签 3
26：	L P[2] 200mm/sec FINE offset,PR[1]	
27：	IF DI[104]<>ON,JMP LBL[3]	DI[104]不等于 ON 跳转到标签 3
28：	CALL DJ2020	呼叫电机夹取与放置子程序 DJ2020
29：	UFRAME_NUM=1	调用用户坐标 1
30：	UTOOL_NUM=2	调用工具坐标 2
31：	LBL[4]	标签 4
32：	L P[6] 200mm/sec CNT50	运动到 P[6]点盖板吸取的逼近点
33：	IF DI[105]<>ON,JMP LBL[4]	DI[105]不等于 ON 跳转到标签 4
34：	L P[7] 200mm/sec FINE	运动到 P[7]点盖板吸取工作点
35：	DO[103]=ON	吸取盖板信号
36：	WAIT .50(sec)	等待吸取盖板 0.50 s
37：	L P[6] 200mm/sec CNT50	运动到 P[6]点盖板吸取的逼近点
38：	L P[8] 200mm/sec FINE	运动到 P[8]点盖板放置的逼近点
39：	L P[9] 200mm/sec FINE	运动到 P[9]点盖板放置工作点
42：	DO[103]=OFF	放置盖板信号
43：	WAIT 0.50(sec)	等待放置盖板 0.50 s
44：	L P[8] 200mm/sec FINE	运动到 P[8]点盖板放置的逼近点
45：	L P[6] 200mm/sec CNT60	运动到 P[6]点盖板吸取的逼近点
46：	L P[10] 200mm/sec CNT60	运动到 P[10]点夹具库的逼近点
47：	L P[11] 200mm/sec FINE	运动到 P[11]点双头夹具的逼近点
48：	L P[12] 200mm/sec FINE	运动到 P[12]点双头夹具(松开/夹取)工作点
49：	DO[101]=OFF	松开双头夹具信号
50：	WAIT .50(sec)	等待松开双头夹具 0.50 s
51：	L P[11] 200mm/sec FINE	运动到 P[11]点双头夹具的逼近点
52：	L P[10] 200mm/sec CNT50	运动到 P[10]点夹具库的逼近点
53：	L P[13] 200mm/sec CNT50	运动到 P[13]点螺丝刀夹具的逼近点
54：	L P[14] 200mm/sec FINE	运动到 P[14]点夹取螺丝刀夹具的工作点
55：	DO[101]=ON	夹取螺丝刀信号
56：	WAIT .50(sec)	等待夹取螺丝刀 0.50 s
57：	L P[13] 200mm/sec CNT50	运动到 P[13]点螺丝刀夹具的逼近点
58：	L P[10] 200mm/sec CNT50	运动到 P[10]点夹具库的逼近点
59：	UFRAME_NUM=1	调用用户坐标 1
60：	UTOOL_NUM=1	调用工具坐标 1

61：	PR[3]＝PR[5]	PR[5]＝0,0,0;PR[3]清零
62：	CALL DJ2021	呼叫第一台电动机拧螺丝子程序 DJ2021
63：	PR[3,1]＝PR[3,1]＋47.1	安装螺钉偏移量
64：	CALL DJ2021	呼叫第一台电动机拧螺丝子程序 DJ2021
65：	PR[3,2]＝PR[3,2]＋47.1	安装螺钉偏移量
66：	CALL DJ2021	呼叫第一台电动机拧螺丝子程序 DJ2021
67：	PR[3,1]＝PR[3,1]－47.1	安装螺钉偏移量
68：	CALL DJ2021	呼叫第一台电动机拧螺丝子程序 DJ2021
69：	PR[4]＝PR[5]	PR[5]＝0,0,0;PR[4]清零
70：	CALL DJ2022	呼叫第二台电动机拧螺丝子程序 DJ2022
71：	PR[4,1]＝PR[4,1]＋47.1	安装螺钉偏移量
72：	CALL DJ2022	呼叫第二台电动机拧螺丝子程序 DJ2022
81：	PR[4,2]＝PR[4,2]＋47.1	安装螺钉偏移量
82：	CALL DJ2022	呼叫第二台电动机拧螺丝子程序 DJ2022
83：	PR[4,1]＝PR[4,1]－47.1	安装螺钉偏移量
84：	CALL DJ2022	呼叫第二台电动机拧螺丝子程序 DJ2022
85：	UFRAME_NUM＝1	调用用户坐标1
86：	UTOOL_NUM＝2	调用工具坐标2
87：	L P[10] 200mm/sec CNT50	运动到 P[10]点夹具库的逼近点
88：	L P[13] 200mm/sec CNT50	运动到 P[13]点螺丝刀夹具的逼近点
89：	L P[14] 200mm/sec FINE	运动到 P[14]点夹取螺丝刀夹具的工作点
90：	DO[103]＝OFF	松开螺丝刀夹具信号
91：	WAIT .50(sec)	等待松开螺丝刀夹具 0.50 s
92：	L P[13] 200mm/sec CNT50	运动到 P[13]点螺丝刀夹具的逼近点
93：	L P[11] 200mm/sec FINE	运动到 P[11]点双头夹具的逼近点
94：	L P[12] 200mm/sec FINE	运动到 P[12]点双头夹具(松开/夹取)工作点
95：	DO[102]＝ON	夹取双头夹具信号
96：	WAIT 0.50(sec)	等待夹取双头夹具 0.50 s
97：	L P[11] 200mm/sec FINE	运动到 P[11]点双头夹具的逼近点
98：	JMP LBL[2]	跳转到标签2
99：	J P[1:HOME]100% CNT50	运动到 P[1:HOME]点回到安全点
	END	结束

 任务评价

完成本任务的操作后,根据考证考点,请你按表 4.3.1 检查自己是否学会了考证必须掌握的内容。

表 4.3.1　装配程序运行与优化评价表

序号	鉴定评分点	是/否	备注
1	模块化程序设计合理,能使用子程序优化程序结构		
2	能优化控制逻辑并用流程图表达		
3	会将偏移计算用程序表达		
4	能使用子程序指令 CALL 调用各功能子程序		

任务训练

根据控制逻辑,分别画出电机夹取与放置子程序 DJ2020、第 1 台电动机拧螺丝子程序 DJ2021 的控制流程图。

任务四　多机器人协作装配的现场操作与编程

学习目标

1. 学会规划机器人多机协作工作时的 I/O 信号。
2. 能根据实际完善工作站的自动运行。

任务描述

制造部要进一步提高舞台灯旋转控制步进电机组装配工作站的生产效率,经制造部工程师集体决策,决定在装配工作站增多一台机器人,分解装配任务。原机器人(1♯机器人)负责电机、塑料板的放置,新机器人(2♯机器人)负责螺丝的装配。你是此工作站改造的负责技术员,要求你根据现场装配好的新机器人,整体调试原工作站、编程,并做安全性完善。完工时,把机器人 I/O 接线图和两机器人的程序留档。

任务分析

一、两机器人间的联络信号规划

如图 4.4.1 所示,1♯机器人作为主机,2♯机器人作为从机。当 1♯机器人发出完成信号(KM1)给 2♯机器人的 DI[101]端子时,2♯机器人才能启动;当 1♯机器人检测到 2♯机器人在安全位置(KM5)时,1♯机器人才能动作。

二、两机器人协同工作的原则

两台机器人不是独立运行的,1♯机器人的 DO[101]和 2♯机器人 DO[102]信号确保两

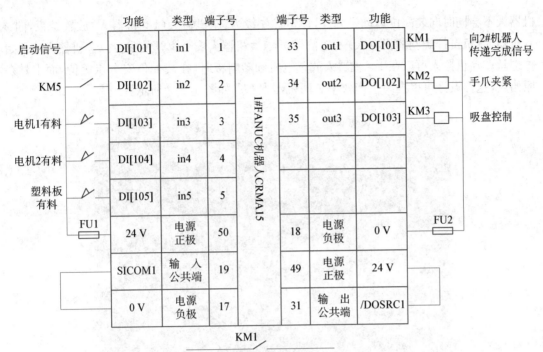

（a）1#机器人

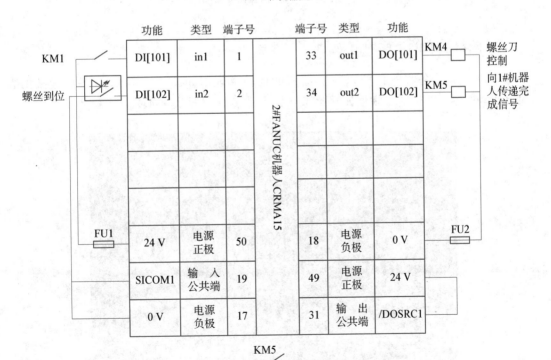

（b）2#机器人

▲ 图 4.4.1 两机器 I/O 接线图

机器人不会同时向装配位运动。因此，设定优先级为：原机器人（1♯机器人）放置结束，向2♯机器人（负责拧螺丝的机器人）发送信号，等1♯机器人安全离开装配位，2♯机器人才开始拧螺丝；2♯机器人可以在1♯机器人放置电机和塑料板时，在装配位安全点等待，而不是在原始点，这样设计可以提高生产效率。两机器人布局如图4.2.2所示。

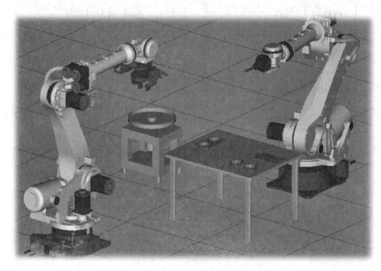

▲ 图4.4.2　两机器人布局

三、两机器人的工作轨迹规划

根据两机器人各自的任务，1♯机器人的运动点规划如图4.4.3所示，各点定义见表4.4.1;2♯机器人的运动点规划如图4.4.4所示，各点定义见表4.4.2。

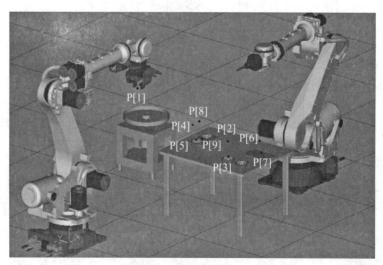

▲ 图4.4.3　1♯机器人轨迹点

表 4.4.1　1#机器人工作点位分配表

点号	位　置	点号	位　置
P[1]	机器人原始点 HOME	P[2]	夹取电机的逼近点
P[3]	夹取电机工作点	P[4]	电机放置的逼近点
P[5]	电机放置工作点	P[6]	盖板吸取的逼近点
P[7]	盖板吸取工作点	P[8]	盖板放置的逼近点
P[9]	盖板放置工作点		

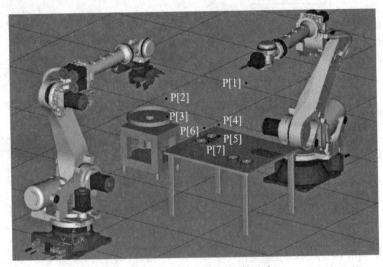

▲ 图 4.4.4　2#机器人轨迹点

表 4.4.2　2#机器人工作点位分配表

点号	位　置	点号	位　置
P[1]	机器人原始点 HOME	P[2]	夹取螺钉的逼近点
P[3]	夹取螺钉工作点	P[4]	第一台机安装螺钉的逼近点
P[5]	第一台机电机安装螺钉的工作点	P[6]	第二台机安装螺钉的工作点
P[7]	第二台机电机安装螺钉的工作点		

不同程序 P1 点的
数据查看/复用

工具坐标下定点
示教

四、两机器人协同控制逻辑分析

为提高机器人执行的可靠性，当电机1、电机2、塑料板都有料时，机器人才开始执行搬运动作。为了使程序复用性强，减少定点，使用偏移指令实现平面点的定位，子程序根据主程序给出的偏移量进行定点运算。两机器人的控制逻辑如图4.4.5所示。

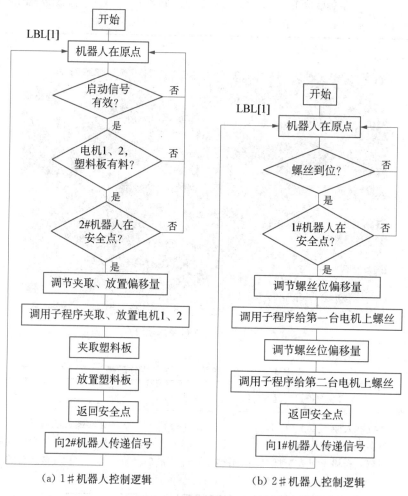

▲ 图4.4.5　两机器人程序功能

任务准备

一、机器人通信线路安装

由于机器人通信控制线路是弱电信号，应采取抗干扰措施，强电线和弱电线分开布置，入不同的线槽，所有接线必须套上编码管，为日后检修提供方便。

二、机器人工作范围软限制

在机器人设计中，有硬限位和软限位两种。硬限位是机器人生产时就固定每条轴的旋转范围，超过这个范围机器人就会报警甚至损坏，发生碰撞时会导致机器人超出硬限位；软限位是在硬限位的基础上进一步规定机器人每条轴可以运动的最大范围。本项目中，两机器人除了有信号联络防止碰撞外，为避免机器人动作太大碰撞周围设备，设置软限位。设置过程如下：

步骤一：按[MENU]菜单键→"下一页"→系统→"轴动作范围"→[ENTER]键，如图4.4.6(b)所示。

步骤二：在图4.4.6(b)界面修改J1、J4、J6轴的运动范围，修改结果如图4.4.6(c)所示。

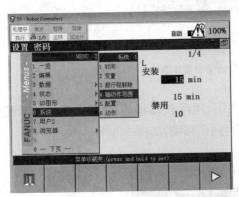
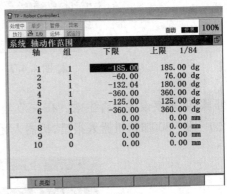

（a）进入路径　　　　　　　　　　　　　　　（b）出厂设置

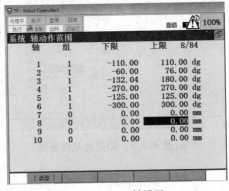

（c）J1、J4、J6轴设置

▲ 图4.4.6　轴范围设置

将移动光标到需要修改的轴范围，在示教器中直接输入新的设定值：

上限值：表示关节可动范围的上限值，代表该轴的正方向范围；

下限值：表示关节可动范围的下限值，代表该轴的负方向范围。

为避免示教时机器人摆动太大碰撞周边设备，将水平运动范围限制在180°范围内，因此，将J1轴的范围设为−110°～+110°；为了减少奇异点出现的可能，J4轴避开与J5轴共线，将J4轴的运动范围设为−270°～+270°；为防止机器人上的线路、管路过分扭曲损坏，将

J6 轴的范围设为−300°～+300°。

步骤三:使设置生效。按下[FCTN]辅助菜单→"下一页"→"重新启动"→[ENTER],冷启动后生效,如图 4.4.7 所示。

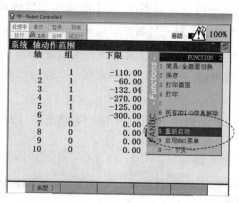

▲ 图 4.4.7 冷启动使设置生效

步骤四:观察设置是否生效。在关节坐标系下,用示教器移动 J6 轴。当机器人位置到达了 300°或−300°时,机器人报错,机器人无法再向前移动,如图 4.4.8 所示。

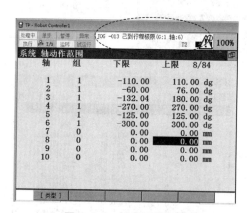

▲ 图 4.4.8 轴范围超限报警

 任务实施

根据控制逻辑和规划的主程序、子程序功能,编写程序如下。

一、1#机器人主程序 RSR0001

主程序包含各子程序的调用、塑料板的安装、原点复位。

1:	LBL[1]	标签 1
2:	UFRAME_NUM=1	调用用户坐标 1
3:	UTOOL_NUM=1	调用工具坐标 1

4：	OVERRIDE＝30％	调试时限速30％,实际运行可以删除此行
5：	J P[1:HOME] 100％ CNT	机器人原始点 HOME
6：	WAIT DI[101]＝ON	等待启动信号有效
7：	WAIT(DI[103]＝ON AND DI[104]＝ON AND DI[105]＝ON)	
8：	WAIT DI[102]＝ON	等待2#机器人传递完成信号,DI[102]有输入信号 ON
9：	DI[101]＝OFF	复位向2#机器人传递完成的信号
10：	PR[1]＝PR[5]	PR[5]＝0,0,0;PR[1]清零
21：	PR[2]＝PR[5]	PR[5]＝0,0,0;PR[2]清零
23：	CALL DJ2020	呼叫电机夹取与放置子程序 DJ2020
24：	PR[1,1]＝PR[1,1]＋84	夹取偏移量
25：	PR[2,2]＝PR[2,2]＋84	放置偏移量
26：	CALL DJ2020	呼叫电机夹取与放置子程序 DJ2020
27：	UFRAME_NUM＝1	调用用户坐标1
29：	UTOOL_NUM＝2	调用工具坐标2
30：	L P[6] 200mm/sec CNT	运动到P[6]点盖板吸取的逼近点
31：	L P[7] 200mm/sec FINE	运动到P[7]点盖板吸取工作点
32：	DO[103]＝ON	吸取盖板信号
33：	WAIT .50(sec)	等待吸取盖板 0.50 s
34：	L P[6] 200mm/sec CNT50	运动到P[6]点盖板吸取的逼近点
35：	L P[8] 200mm/sec FINE	运动到P[8]点盖板放置的逼近点
36：	L P[9] 200mm/sec FINE	运动到P[9]点盖板放置工作点
37：	DO[103]＝OFF	放置盖板信号
38：	WAIT 0.50(sec)	等待放置盖板 0.50 s
39：	L P[8] 200mm/sec FINE	运动到P[8]点盖板放置的逼近点
42：	L P[6] 200mm/sec CNT50	运动到P[6]点盖板吸取的逼近点
43：	J P[1:HOME] 100％ CNT50	运动到P[1:HOME]点回到安全点
44：	DO[101]＝ON	向2#机器人传递完成信号
45：	J P[1:HOME] 100％ FINE	运动到P[1:HOME]点回到安全点
46：	JMP LBL[1]	跳转到标签1
	END	结束

二、1#机器人电机夹取与放置子程序 DJ1010

1：	UFRAME_NUM＝1	调用用户坐标1
2：	UTOOL_NUM＝1	调用工具坐标1

3：	OVERRIDE＝30％	调试时限速30％,实际运行可以删除此行
4：	L P[2] 200mm/sec FINE offset,PR[1]	运动到P[2]点第一个夹取电机的逼近点,偏移量PR[1]
5：	L P[3] 200mm/sec FINE offset,PR[1]	运动到P[3]点第一个夹取电机的工作点,偏移量PR[1]
6：	DO[102]＝ON	夹紧电机信号
7：	WAIT .50(sec)	夹紧电机等待0.50 s
8：	L P[2] 200mm/sec FINE offset,PR[1]	运动到P[2]点第一个夹取电机的逼近点,偏移量PR[1]
9：	L P[4] 200mm/sec FINE offset,PR[2]	运动到P[4]点第一个电机放置的逼近点,偏移量PR[2]
10：	L P[5] 200mm/sec FINE offset,PR[2]	运动到P[5]点第一个电机放置工作点,偏移量PR[2]
11：	DO[102]＝OFF	松开电动机信号
12：	WAIT .50(sec)	松开电动机等待0.50 s
13：	L P[4] 200mm/sec FINE offset,PR[2]	运动到P[4]点第一个电机放置的逼近点,偏移量PR[2]
	END	结束

三、2#机器人主程序 RSR0001

主程序包含各子程序的调用、塑料板的安装、原点复位。

1：	LBL[1]	标签1
2：	UFRAME_NUM＝1	调用用户坐标1
3：	UTOOL_NUM＝3	调用工具坐标3
4：	OVERRIDE＝30％	调试时限速30％,实际运行可以删除此行
5：	J P[1:HOME] 100％ FINE	机器人原始点HOME
6：	WAIT DI[102]＝ON	螺丝到位
7：	WAIT DI[101]＝ON	等待1#机器人传递完成信号
8：	DO[102]＝OFF	复位向1#机器人发送的信号
9：	PR[3]＝PR[5]	PR[5]＝0,0,0;PR[3]清零
10：	CALL DJ2021	呼叫第一台电动机拧螺丝子程序DJ2021
11：	PR[3,1]＝PR[3,1]+47.1	安装螺钉偏移量
12：	CALL DJ2021	呼叫第一台电动机拧螺丝子程序DJ2021
13：	PR[3,2]＝PR[3,2]+47.1	安装螺钉偏移量

14:	CALL DJ2021	呼叫第一台电动机拧螺丝子程序 DJ2021
15:	PR[3,1]=PR[3,1]−47.1	安装螺钉偏移量
16:	CALL DJ2021	呼叫第一台电动机拧螺丝子程序 DJ2021
27:	PR[4]=PR[5]	PR[5]=0,0,0;PR[4]清零
18:	CALL DJ2022	呼叫第二台电动机拧螺丝子程序 DJ2022
19:	PR[4,1]=PR[4,1]+47.1	安装螺钉偏移量
20:	CALL DJ2022	呼叫第二台电动机拧螺丝子程序 DJ2022
21:	PR[4,2]=PR[4,2]+47.1	安装螺钉偏移量
22:	CALL DJ2022	呼叫第二台电动机拧螺丝子程序 DJ2022
23:	PR[4,1]=PR[4,1]−47.1	安装螺钉偏移量
24:	CALL DJ2022	呼叫第二台电动机拧螺丝子程序 DJ2022
25:	J P[1:HOME] 100% FINE	机器人原始点 HOME
26:	DO[102]=ON	向1#机器人传递完成信号
	JMP LBL1	跳转到标签1
	END	结束

四、2#机器人对第一台电动机拧螺丝子程序 DJ2021

1:	UFRAME_NUM=1	调用用户坐标1
2:	UTOOL_NUM=1	调用工具坐标1
3:	L P[2] 200mm/sec FINE	运动到 P[15]点夹取螺钉的逼近点
4:	WAIT DI[102]=ON	等待安装螺钉到位信号
5:	L P[3] 200mm/sec FINE	运动到 P[16]点夹取螺钉工作点
6:	WAIT .50(sec)	等待夹取螺钉 0.50 s
7:	L P[2] 200mm/sec FINE	运动到 P[15]点夹取螺钉的逼近点
8:	L P[4] 200mm/sec FINE offset,PR[3]	运动到 P[17]点第一台电机安装螺钉逼近点,偏移量 PR[3]
9:	L P[5] 200mm/sec CNT50 offset,PR[3]	运动到 P[18]点第一台电机安装螺钉工作点,偏移量 PR[3]
10:	DO[104]=ON	安装螺钉信号
11:	WAIT 1(sec)	等待安装螺钉 1 s
12:	DO[104]=OFF	安装螺钉完成信号
13:	L P[4] 200mm/sec FINE offset,PR[3]	运动到 P[17]点第一台电机安装螺钉逼近点,偏移量 PR[3]
	END	结束

五、2#机器人对第二台电动机拧螺丝子程序 DJ2022

1：	UFRAME_NUM=1	调用用户坐标1
2：	UTOOL_NUM=1	调用工具坐标1
3：	L P[2] 200mm/sec FINE	运动到 P[15]点夹取螺钉的逼近点
4：	L P[3] 200mm/sec FINE	运动到 P[16]点夹取螺钉工作点
5：	DO[104]=OFF	夹取螺钉信号
6：	WAIT .50(sec)	等待夹取螺钉 0.50 s
7：	L P[2] 200mm/sec FINE	运动到 P[2]点夹取螺钉的逼近点
8.	L P[6] 200mm/sec FINE offset,PR[3]	运动到 P[6]点第二台电机安装螺钉逼近点,偏移量 PR[4]
9：	L P[7] 200mm/sec CNT offset,PR[3]	运动到 P[7]点第二台电机安装螺钉工作点,偏移量 PR[4]
10：	DO[104]=ON	安装螺钉信号
11：	WAIT 1(sec)	等待安装螺钉 1 s
12：	DO[104]=OFF	安装螺钉完成信号
13：	L P[6] 200mm/sec FINE offset,PR[3]	运动到 P[6]点第二台电机安装螺钉逼近点,偏移量 PR[4]
	END	结束

任务评价

完成本任务的操作后,根据考证考点,请你按表 4.4.3 检查自己是否学会了考证必须掌握的内容。

表 4.4.3 工业机器人装配优化项目评价表

序号	鉴定评分点	是/否	备注
1	会规划机器人多机协作工作时的 I/O 信号		
2	会在示教器中设置机器人各轴运动范围		
3	能根据实际完善工作站的控制逻辑		
4	能用 WAIT 指令表达多层逻辑运算		
5	熟练使用偏移指令 OFFSET 和寄存器指令 PR[i]实现程序复用		
6	能根据控制要求使用子程序编程		

任务训练

1. 在机器人协作装配过程中,若发生意外,外部急停按钮被按下,如何修改两机器人的程序以达到迅速响应？急停按钮是采用双常闭输出，还是单常闭输出？急停按钮信号接到哪个机器人？

2. 用偏移指令和位置寄存器完成图 4.4.9 所示正方形的绘制。

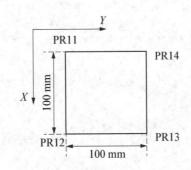

▲ 图 4.4.9　偏移指令实现正方形轨迹

项目五
工业机器人涂胶应用编程

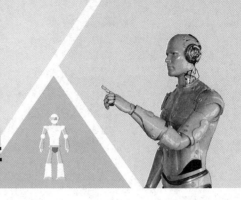

早在20世纪90年代,汽车生产商就采用机器人给汽车车门、挡风玻璃、车窗玻璃涂胶。机器人涂胶柔性好、胶面均匀,克服了人工操作的误差,比人工提高20%的节拍,节约10%的原料,能保证胶型控制精度为±0.5 mm。近年来,机器人喷涂延伸到陶瓷喷釉、塑料喷漆、金属喷粉等领域。健泰汽车配件有限公司主要为主流汽车生产公司加工各类汽车配件

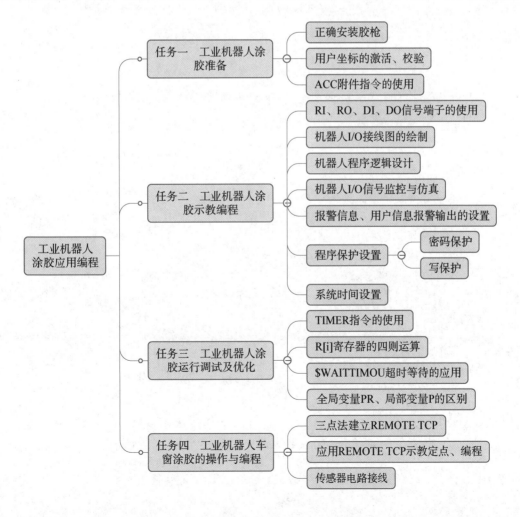

和组装汽车部件;耗资 3 500 万元新投产的涂胶生产线是典型的无人车间,承担各式汽车车门的涂胶和车窗玻璃涂胶。作为健泰公司工程部的助理工程师,要求你在主管的带领下与工装部一起完成车窗涂胶工作站的安装、编程、调试。工作站的具体施工方案由你负责,工装部负责夹具开发和调试。

任务一　工业机器人涂胶准备

 学习目标

1. 能够根据工件特点建立用户坐标系，为快速定点编程做准备。
2. 能理解并调节打胶系统的关键参数，为涂胶时配合机器人运动做准备。

机器人喷涂
应用案例

 任务描述

　　受工程部指派，你负责车窗涂胶工作站的设备安装和机器人调试。打胶系统安装后，需要根据实际调试确定打胶泵出入口压力、胶管加热温度、空压机输出压力；为适应车窗位置和加工多款车窗的需要，提高产品改变时示教程序的速度，需要根据车窗的位置建立用户坐标系；为更好地把机器人与涂胶系统集成在一起，要规划好机器人与涂胶机 PLC 的 I/O 接线。工程部要求你在两天的时间内完成涂胶工作站机器人编程、运行前的准备工作，收集好各项技术资料。

任务分析

一、确定建成后的用户坐标 X、Y、Z 轴的方向

　　由于车窗玻璃是曲面工件，为了方便进入下一道工序，倾斜放置，用夹具固定，如图 5.1.1 所示。为了示教方便，用户坐标的 XY 平面与玻璃的切面平行，因此把用户坐标的原

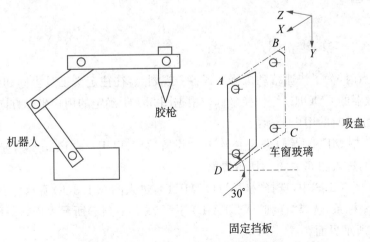

▲ 图 5.1.1　涂胶工作站布局示意图

点定在 B 点，X 轴与 AB 边平行，Y 轴与 BC 边平行，Z 轴垂直于 XY 建立的平面。

二、根据影响涂胶质量的原因调整设备参数

1. 打胶泵输出压力对出胶速度的影响

打胶泵的结构大同小异，图 5.1.2 所示是其中一款打胶泵。打胶泵是一种比率泵，它把空气压缩机输出的空气作为输入，根据比例放大后输出。一般输入空气压力在 4~5 bar 范围内，也就是常用工业标准压力 0.4 MPa 左右。

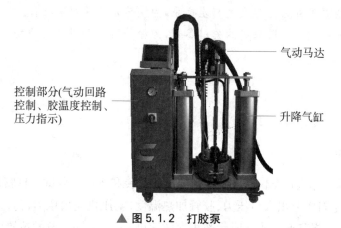

控制部分(气动回路控制、胶温度控制、压力指示)

气动马达

升降气缸

▲ 图 5.1.2　打胶泵

2. 胶管加热温度控制

胶对温度的变化比较敏感，温度不够时胶比较黏稠，出胶困难，胶厚度难以控制。胶管加热温度一般设定在冬天 30°~35°，夏天 25°~30°。现在的胶管加热都采用温控器，控制精度把握得较好。但一些无尘车间在夏天采用空调降温，要注意空调的温度应调整在 25°~26°。空调温度过低会导致车间室温度下降大，影响胶管的恒温控制。外围环境因素是引起胶型褶皱、密封效果不好的原因之一。

 任务准备

一、为方便示教，建立用户坐标系

在编程定点时，为了快速移动机器人到各个规划点，往往定义工具坐标和用户坐标来辅助示教，用示教器的 COORD 键切换坐标。根据图 5.1.1 确定的用户坐标方向，按以下步骤建立车窗涂胶定点时的用户坐标：

步骤一：点击[MENU]键，进入主菜单→"设置"(SETUP)→"Frames"(坐标系)→按回车键[ENTER]，进入图 5.1.3(a)所示界面。

步骤二：在图 5.1.3 中，选择"坐标"(OTHET)，进入图 5.1.3(b)所示界面，将光标移到要设置的用户坐标系，选择"详细"(DETAIL)，进入图 5.1.3(c)所示界面，选择"三点法"，进入图 5.1.3(d)所示界面。

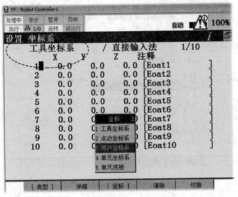

（a）坐标建立主界面

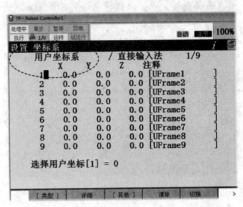

（b）用户坐标一栏

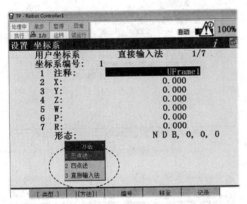

（c）用户坐标设置界面

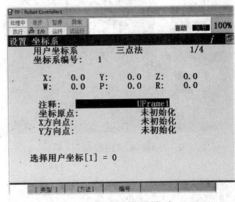

（d）三点法设置界面

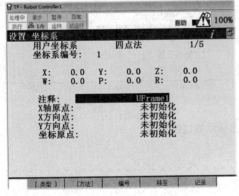

（e）四点法设置界面

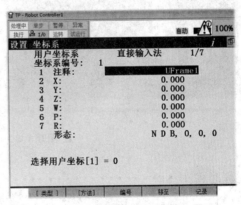

（f）直接输入法设置界面

工业机器人现场操作与编程案例教程(FANUC)

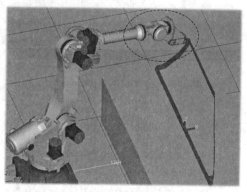

（g）机器人移动到用户坐标原点

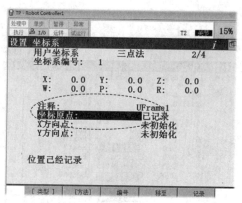

（h）记录坐标原点

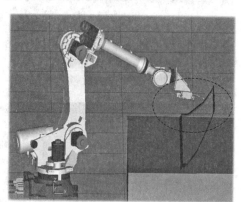

（i）X 方向定点

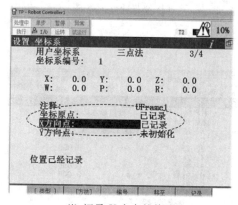

（j）记录 X 方向的偏移

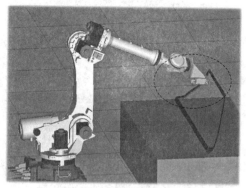

（k）Y 方向定点

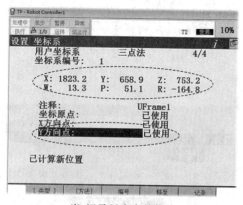

（l）记录 Y 方向的偏移

▲ 图 5.1.3　用户坐标示教过程

工程经验 ·····················

用户坐标系的选用

从图 5.1.3(c)可以看出,用户坐标的建立方法有 3 种,分别是三点法、四点法、直接输入法。若在图 5.1.3(c)中选择四点法,在图 5.1.3(d)和图 5.1.3(e)中可以看到三点法和四点法的区别在于,四点法多了要设置 X 轴原点一项。四点法多用于视觉编程时的示教,此处采用三点法建立用户坐标。

直接输入法用于曾创建过用户坐标,记录了坐标值,技术员直接输入坐标值,如图 5.1.3(f)所示。

步骤三:在关节坐标或世界坐标下,将胶枪移动到车窗左上角顶点,如图 5.1.3(g~d)所示。将光标定位到"坐标原点"→按[SHIFT]+记录键,记录用户坐标原点,如图 5.1.3(h)所示,显示"已记录"。

步骤四:在图 5.1.3(h)中,将光标定位到"X 方向点"→按[COORD]键将坐标切换到世界坐标→沿预定义的 X 方向至少移动 250 mm,如图 5.1.3(i)所示→按[SHIFT]+记录键→记录 X 轴正方向,如图 5.1.3(j)所示。

步骤五:先让机器人回到坐标原点,在图 5.1.3(j)中把光标定位到"坐标原点"→[SHIFT]+移至[MOVE TO]键。在图 5.1.3(j)中,移动光标到"Y 方向点"→按[COORD]键将坐标切换到世界坐标→沿预定义的 Y 方向至少移动 250 mm,如图 5.1.3(k)所示→按[SHIFT]+记录键→记录 Y 轴正方向,如图 5.1.3(l)所示。

图 5.1.3(i,k)中的操作实际上是确定用户坐标 X、Y 轴的正方向。用户坐标示教完毕,图 5.1.3(l)中就会显示用户坐标所有点的数值,其中 X、Y、Z 的值(1 823.2,658.9,753.2)代表用户坐标相对于机器人世界坐标的偏移值,W、P、R 的数据(13.3,51.1,−164.8)代表用户坐标相对于机器人世界坐标的旋转量。

一个程序可以建立多个用户坐标和工具坐标。示教过程中,激活用户坐标系的方法如下(工具坐标同理):按[SHIFT]+[COORD]键→在图 5.1.4(a)中把光标定位到"User"→用示教器键盘输入要切换的用户坐标值编号。例如,图 5.1.3(l)的用户坐标号为 1,则用键

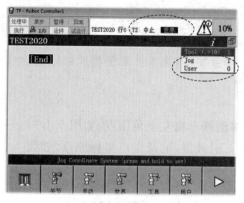 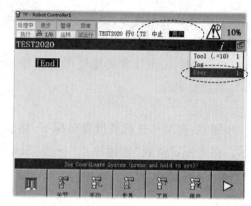

（a）选择用户坐标的方法　　　　　　（b）输入要用到的坐标编号

▲ 图 5.1.4　激活用户坐标系的方法

盘输入 1 即可调用，如图 5.1.4(b)所示。

二、梳理系统开机流程，形成文件

当涂胶设备由停机转为开启时，要确保周围环境安全，设备处在正常状态才能启动机器人。按照涂胶机的使用规范，涂胶工作站的开机流程见表 5.1.1。

表 5.1.1　开机流程

序号	工 作 内 容	关 键 点
1	启动空气压缩机，开启主管道气阀	检查是否有报警，储气罐压力是否正常
2	开启喷胶机，关注有没有异响，检查喷胶机输入输出仪表压力	调节输入空气压力在 0.4 MPa 左右，若喷胶机的输入输出比率为 55：1，则出胶压力为 22 MPa(220 bar)
3	检查胶桶原料是否充足	原料低于下限会影响出胶质量
4	查看加热器温度设置是否正常	冬天 30°～35°，夏天 25°～30°
5	检查喷胶是否有堵塞现象	若喷嘴堵塞需拆下清理堵塞的余胶，严重的需要整个喷嘴更换
6	检查胶路是否有泄漏	若泄漏，查看密封片是否循环或管道螺母是否拧紧
7	查看工位悬挂的警示标志	若有"设备检修"标志，未确保正常之前不要开机
8	开启机器人电源	确保机器人工作环境正常后，开启机器人电源，通过示教器查看是否有严重不能用［RESET］键清除的报警，若有需要排查机器人部件和输入信号故障

三、正确安装胶枪

涂胶胶枪和喷胶机是配套的，不同厂家的结构会有差别，但原理大同小异。图 5.1.5 所示是一款行业应用广泛的胶枪，维修和安装胶枪时按图 5.1.5(c)标号顺序安装或拆装各部件。

由图 5.1.6 所示的喷嘴结构图可以看出，喷胶时是采用气动回路的气压推动液体胶输出到喷嘴的，气路和胶路隔离，无直接接触。

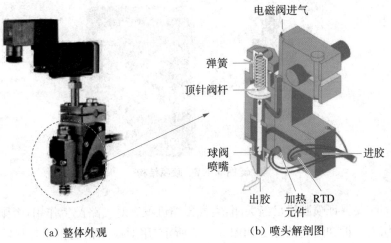

（a）整体外观　　　　　（b）喷头解剖图

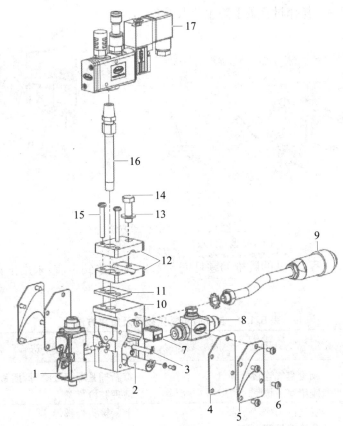

（c）结构爆炸图

1	喷头	5	盖板	9	电源连接器	13	金属垫片
2	加热器	6	平台螺丝	10	导管	14	六角螺丝
3	热电阻	7	2位导线连接头	11	绝缘垫	15	平头螺丝
4	防水垫圈	8	过滤器	12	元件固定器	16	金属气管
17	单控电磁阀套件						

▲ 图 5.1.5　喷枪结构

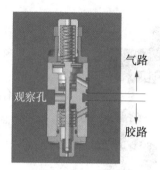

气帽

模块

阀座

观察孔

气路

胶路

▲ 图 5.1.6　喷嘴结构

　　拆卸喷嘴时要保证喷胶机已经关闭，空气压缩机没有对气路产生作用，否则拆卸喷嘴会导致胶喷出伤人。拆卸喷嘴的方法如图 5.1.7 所示，用对应规格的扳手拧松喷嘴的固定螺母，再用手取下喷嘴。操作过程戴上防尘劳保手套。

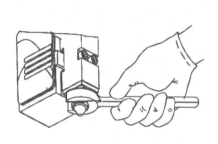
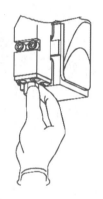

▲ 图 5.1.7　喷嘴拆卸方法

　　在机器人涂胶过程，常见的胶枪问题见表 5.1.2，从现象到本质，采用排除法逐一排除故障。

表 5.1.2　自动胶枪常见故障及解决方法

现象	原因	解决方法
胶枪不能出胶	胶枪空气连接处漏气	重新拧紧漏气处螺母，插紧气管
	胶堵塞了枪嘴	清理胶枪
胶枪漏气	空气接头松	上紧接头处螺母
	胶枪密封圈损坏	更换密封圈
胶枪前部漏胶	密封垫损坏	更换密封垫
	胶枪内部堵塞	清洗胶枪内部
枪身漏胶	密封垫没安装好	重新安装密封垫
	密封垫老化	更换密封垫

任务实施

一、试运行，寻找机器人最优运动速度以达到涂胶质量要求

另一个影响机器人涂胶质量的因素是行走速度。采用不同的行走速度，速度分别设定为 400 mm/s、500 mm/s、600 mm/s、800 mm/s，对比观察，本项目确定采用在 500 mm/s。在实际工作中，要根据现场喷胶机参数对机器人运动速度逐级调节，直至达到理想效果。涂胶质量的一般要求见表 5.1.3。

表 5.1.3　涂胶质量要求

序号	质 量 指 标
1	胶枪运动速度稳定
2	胶条离边缘距离偏差在 ±2 mm 范围
3	胶面均匀、平滑（胶宽 6 mm，高 10 mm）
4	胶形尾部与起点要交叠相连（保证没有空隙，否则车窗会露水）
5	转角处不堆胶

要达到胶面均匀，喷嘴离车窗玻璃的高度在 1～1.5 cm 范围内。车窗玻璃是曲面工件，需要耐心对点。要使胶面平滑，胶枪角度与玻璃面垂直并内倾。

工程经验 ●●●●●●●●●●●●●●●●●●●●●●●●●●●●●●

要使转角处不堆胶，需要做到以下 3 点：

(1) 机器人 6 条轴的姿态变换不要过急，姿态变化太急会降低机器人运动速度。

(2) 枪嘴方向不摆动。

(3) 使用 ACC 加速度作为点间的过渡时，选择合适的加速度值，以免发生窜动。

二、用 ACC 参数解决过渡轨迹胶路不均匀的问题

附加运动语句是完成运动轨迹的过程，补充执行特定的任务，有加速度倍率指令 ACC、跳过指令 SKIP LBL[i]、位置补偿指令 OFFSET、直接位置补偿指令 OFFSET PR[i]、工具补偿指令 Tool_OFFSET、直接工具补偿指令 Tool_OFFSET PR[i]、增量指令 INC、路径指令 PTH、预先执行指令 TIME BEFORE/TIME AFTER 等。采用不同的加速度倍率，达到相同的运动速度所需时间的差别如图 5.1.8 所示。

按图 5.1.9 所示的车窗转角轨迹段，采用以下程序观察涂胶效果，看在转角处的涂胶效果是否与直线轨迹相当：

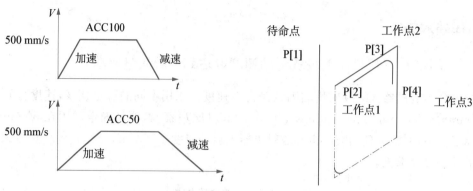

▲ 图 5.1.8 加速度倍率对轨迹起始和结束的时间影响	▲ 图 5.1.9 车窗转角涂胶

1：	UFRAME_NUM=1	指定使用用户坐标1
2：	UTOOL_NUM=1	指定使用胶枪工具坐标1
3：	OVERRIDE=100%	调试时限速100%
4：	LBL[1]	
5：	J P[1] 100% FINE	机器人在待命点
6：	L P[2] 500 mm/sec CNT50 ACC50	运动到工作点1
7：	DO[101]=ON	打开胶枪
8：	L P[3] 500 mm/sec CNT50 ACC50	运动到工作点2
9：	L P[4] 500 mm/sec CNT50 ACC50	运动到工作点3
10：	DO[101]=OFF	关闭胶枪
11：	JMP LBL[1]	
	END	

工程经验 ••

ACC 的大小对机器人运行稳定性的影响

加速度越大，机器人提速就越快。改变 ACC 倍率，可以使机器人从开始位置到目标位置的移动时间缩短或者延长。要加快时间，则 ACC 的数值大于100；要缩短时间，则 ACC 的数值低于100。加减速倍率被编程在目标位置。

当加速度倍率 ACC 设定为100%以上时，有时机器人会动作不灵活，产生振动和报警，此时不适宜用 ACC 指定加速度。

三、检验建立的用户坐标是否正确，为喷涂轨迹编程做准备

示教器用[COORD]键将坐标切换到用户坐标系，查看要验证的坐标号按[SHIFT]+[COORD]键，如图 5.1.10 所示。

▲ 图 5.1.10 选中要验证的用户坐标编号

在图 5.1.3(g)中,让机器人处在坐标原点处,切换到用户坐标,示教机器人分别沿 X、Y、Z 方向,用[SHIFT]＋表 5.1.4 的键组合观察,看是否与预设的方向一致。图 5.1.11 所示是机器人带动胶枪从坐标原点先向 X 轴正方形运动,再向 Y 正方向运动的结果。

表 5.1.4 验证用户坐标时的组合键和现象

[SHIFT]组合的按键	正 常 现 象	关 键 点
$-X$/J1	机器人胶枪向用户坐标 X 轴的负方向平行移动	若发生偏离,说明示教用户坐标的时机器人的姿态变化或运动轨迹不够大(例如在坐标原点没有向 X 方向移动 250 mm),需要重新示教定点
$+X$/J1	机器人胶枪向用户坐标 X 轴的正方向平行移动	
$-Y$/J2	机器人胶枪向用户坐标 Y 轴的负方向平行移动	
$+Y$/J2	机器人胶枪向用户坐标 Y 轴的正方向平行移动	
$-Z$/J3	机器人胶枪向 X、Y 轴确定的坐标平面的负方向平行移动	
$+Z$/J3	机器人胶枪向 X、Y 轴确定的坐标平面的正方向平行移动	

▲ 图 5.1.11 验证机器人用户坐标

思考

建立胶枪的工具坐标后如何检验是否正确?

在项目四的任务二中,学习了工具坐标的建立,校验方法与用户坐标的验证方法类似。

任务评价

完成本任务的操作后,根据考证考点,请你按表 5.1.5 检查自己是否学会了考证必须掌握的内容。

表 5.1.5　喷涂工作站安装评价表

序号	鉴 定 评 分 点	是/否	备注
1	能根据工件特征用三点法建立用户坐标		
2	能使用 ACC 附加指令调整机器人运动加速度		
3	能根据工艺和设备梳理工作步骤		
4	能使用用户坐标示教定点		
5	能快速选定用户坐标、工具坐标、世界坐标、关节坐标		
6	能正确安装和维修胶枪		

 故障判断

故障现象　直接输入法建立用户坐标后,发现与前一次的方向不一样。

使用直接输入法建立用户坐标时,若机器人的零点重新标定时与原来的零点存在偏差,则直接法输入建立的用户坐标就有偏离用户预定的坐标方向和原点的可能。因此,直接输入法适用于建立没有进行过零点标定的坐标。

▶ **任务二**　**工业机器人涂胶示教编程**

 学习目标

1. 能够根据实际工件特征使用用户坐标、关节坐标、工具坐标快速示教定点。
2. 能合理规划涂胶轨迹路径,实现最优执行效率。
3. 学会规范绘制机器人与涂胶机的 I/O 接线。
4. 能联合涂胶机信号编程,根据涂胶机参数和机器人涂胶时的运动速度要求,完成涂胶程序编写。

 任务描述

在前期完成涂胶工作站的设备安装、接线和基本调试后,根据试验确定涂胶机的参数和机器人涂胶时的运动速度(500 mm/s)。你是车窗涂胶建设项目的负责人,工程部要求你合理规划涂胶路径,完成整体编程,确保与涂胶机可靠通信,喷涂过程不能出现断胶、起皱、明显不均匀的胶路。为防止程序被其他人修改,调试结束请设置密码和写保护。为了在工业 4.0 通信中统一时间,请你暂时设置系统时间起点为 2020:12:12。若出现胶枪堵塞,机器人输出报警信息"Spray Gun Blockage!";若机器人完成一次涂胶,则输出信息"Task Completed Success"。

 任务分析

一、规划涂胶轨迹以提升运行效率

由于车窗玻璃是曲面工件,左右两条边带有弧度,上下两条边是直线形状,为了提高运行效率,满足工艺且不设多余点,设置的定位点如图 5.2.1 所示。

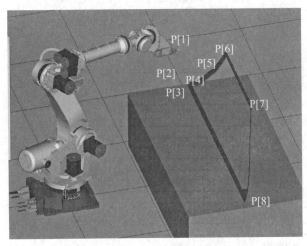

▲ 图 5.2.1　定点规划

二、梳理完成一次涂胶的控制流程

车窗玻璃自动涂胶的工艺流程要求为:上件→夹紧→自动涂胶→晾干→进入安装环节。从机器人控制系统的控制逻辑看,完成一次涂胶的操作过程为:启动信号有效→工件夹紧到位→机器人开始执行喷胶轨迹→在轨迹点打开胶枪涂胶→机器人输出完成涂胶信号,关闭胶枪→喷胶机停止,工件进入下一工序。

若运行过程机器人要进行用户报警信息和状态信息的输出,控制流程如图 5.2.2 所示。

三、根据控制要求合理分配 I/O 信号

(一)根据信号类型选择何种接线端

机器人要与喷胶机的 PLC 交换信号,也要与夹具和下一个工序的 PLC 交换信号。为使布线独立,根据表 5.2.1 的机器人信号类型,采用数字 I/O 信号与喷胶机通信,采用机器人

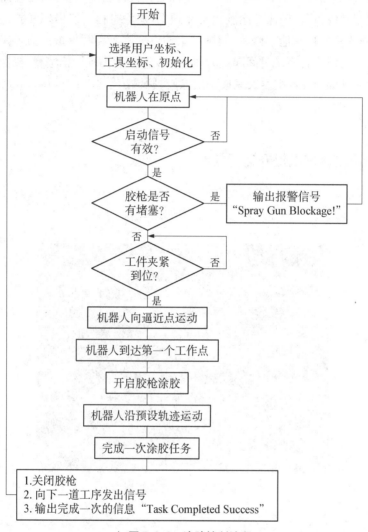

▲ 图 5.2.2　涂胶控制流程

表 5.2.1　机器人 I/O 信号的类型

分类	细分	是否可以重定义	分类	细分	是否可以重定义
通用输入/输出信号	数字 I/O(DI/DO)	是	专用输入/输出信号	外围设备 I/O(UI/UO)	是
	组 I/O(GI/GO)	是		操作面板 I/O(SI/SO)	否
	模拟 I/O(AI/AO)	是		机器人 I/O(RI/RO)	否

RI/RO 信号与夹具传感器和下一工序的 PLC 通信。可以重定义的信号可以用示教器分配到接线端子;不可重定义的信号是机器人控制柜和机器人本体上的硬件接线端子,不可用示教器分配到另外的端子。

FANUC 机器人 Mate 柜的 CRMA15/CRMA16 接线板是数字 I/O 和外围设备 I/O 的引出端。在项目二中学习过信号配置（重定义）的方法；组 I/O 和模拟 I/O 要通过专门的接线板加装在控制柜的插槽中；操作面板 I/O、机柜面板和示教器面板的输入输出信号已经固化。RI/RO 的接线位置就是图 5.2.3 所示的 EE 接口（XHBK 为夹爪断开信号）。

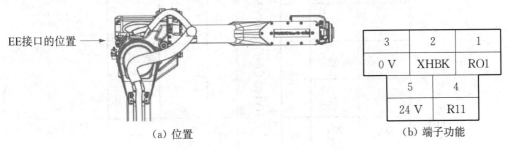

EE接口的位置 →

3	2	1
0 V	XHBK	RO1
	5	4
	24 V	R11

（a）位置　　　　　　　　（b）端子功能

▲ 图 5.2.3　EE 接口

（二）绘制 I/O 接线图并以此接线

EE 端子和 CRMA15 的端子接线如图 5.2.4 所示。接线时要注意电源的正负极不要短路，输入输出的电源是共用的，EE 端子只有一组正负极，CRMA15 和 CRMA16 分别有两组。在接线和设计中，分开使用可以减少出错。

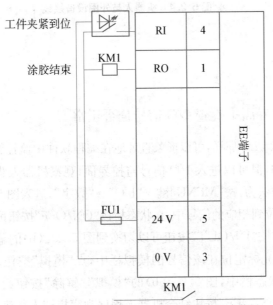

工件夹紧到位

涂胶结束

	RI	4
KM1	RO	1
FU1	24 V	5
	0 V	3

EE端子

KM1

向下一工序传递涂胶结束信号

（a）EE 端子接线

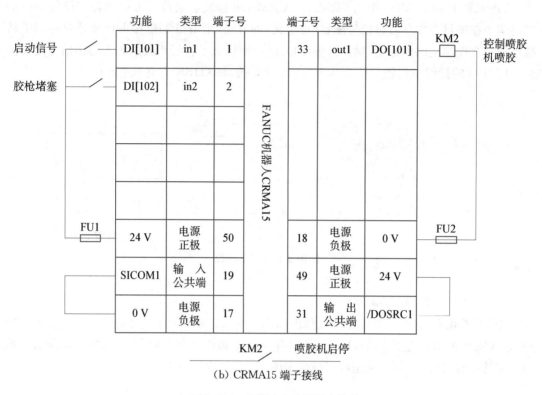

功能	类型	端子号		端子号	类型	功能	
DI[101]	in1	1		33	out1	DO[101]	控制喷胶机喷胶
DI[102]	in2	2					
24 V	电源正极	50		18	电源负极	0 V	
SICOM1	输入公共端	19		49	电源正极	24 V	
0 V	电源负极	17		31	输出公共端	/DOSRC1	

启动信号 胶枪堵塞 FU1 FANUC机器人CRMA15 KM2 FU2 KM2 喷胶机启停

(b) CRMA15 端子接线

▲ 图 5.2.4　机器人与外围设备接线

 任务准备

一、在信号监控界面中检查 I/O 信号是否正常

机器人虽然不能像 PLC 那样,可以形象直观地在编程软件中监控输入信号的状态和程序执行结果对输出的影响,但可以进入 I/O 信号监控界面,观察机器人程序执行过程的信号情况。进入信号监控的方法为:按[MENU]键→"I/O"→"数字",进入图 5.2.5(a)所示的输出信号监控界面,将光标定位到相应的信号中,在状态栏按"ON/OFF"按钮可以强制机器人输出。

在图 5.2.5(a)中,按"IN/OUT"按钮可以切换到图 5.2.5(b)的输入信号监控界面。若要模拟某个输入号,把光标定位在该信号的模拟栏中,点"模拟"按钮,将"U"变成"S";再将光标定位到该信号的状态栏中,图 5.2.5(b)的"模拟""解除"按钮会变成图 5.2.5(c)中的"ON/OFF"按钮,用"ON/OFF"按钮结合机器人程序观察机器人程序执行逻辑。

二、在报警表中编写报警信息

(一)使用报警指令输出报警信息

若胶枪堵塞,机器人输出报警信息"Spray Gun Blockage!",需要采用报警指令:

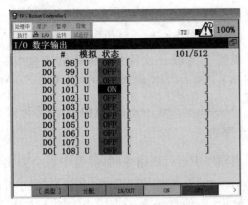

（a）DO 监控与仿真

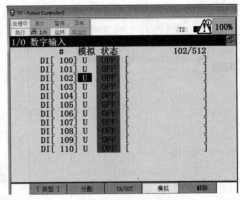

（b）DI 模拟设置

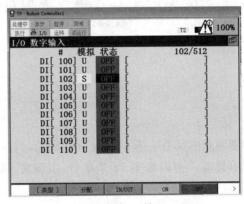

（c）仿真 DI 输入

▲ 图 5.2.5 I/O 信号监控

UALM[i]　　i：用户报警号

当程序中运行该指令时，机器人会报警并显示报警消息。要使用该指令，首先要在报警表中设置用户报警。设置方法为：按[MENU]键→设置[SETUP]→"用户报警"，在图 5.2.6 所示的报警表界面，在报警表中设置报警号对应的报警信息。本任务采用报警号 1，在"用户

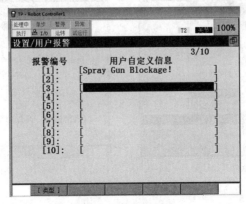

▲ 图 5.2.6 报警表

▲ 图 5.2.7 用户信息设置

定义信息"栏中输入"Spray Gun Blockage!"

（二）使用消息指令输出用户信息

机器人完成一次涂胶，则输出信息"Task Completed Success"，需要采用消息指令：

Message[text]text：消息内容，最多可以有 24 个字符

当程序中运行该指令时，屏幕中将会弹出含有"message"的画面，弹出后按[PREV]键才可以退出显示，但信息仍会一直输出。输入方法为：在程序编写界面按指令键→"其他"→"Message"，在图 5.2.7 中输入指令信息。

 任务实施

一、保护功能设置

（一）密码保护

密码的设置与用户的创建是捆绑在一起的。设置密码后，每次启动机器人首先要输入正确的密码才能进入操作示教器。密码最多 12 个字符，由英文、数字、记号组成，分成 8 个等级。设置密码的步骤如下：

步骤一：[MENU]→设置→密码，路径如同 5.2.8(a)。进入图 5.2.8(a)界面后，将光标定位到"用户名"→[ENTER]，进入图 5.2.8(c)所示界面。

步骤二：在图 5.2.8(c)中，输入用户名→把光标定位到密码处→[ENTER]，进入图 5.2.8(d)所示界面，输入密码。新密码与核对的密码必须一致，点[ENTER]键进入图 5.2.8(e)所示界面。

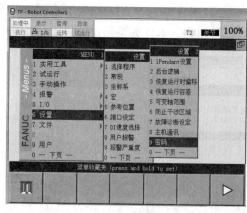

（a）进入路径

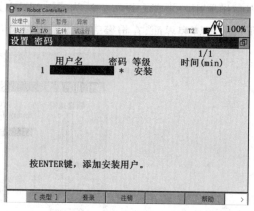

（b）首界面

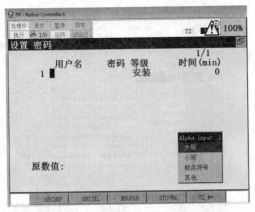

(c) 输入用户名

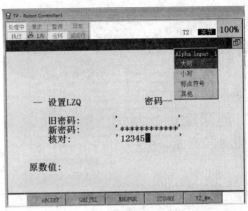

(d) 输入密码

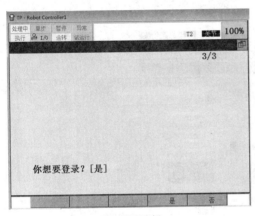

(e) 登录选择

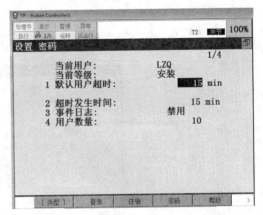

(f) 登录后

▲ 图 5.2.8 密码设置步骤

步骤三:设置自动退出登录的时间,在图 5.2.8(e)中选择"是",进入图 5.2.8(f)所示界面,在"默认用户超时"中设置。

若没有登录就操作示教器,会在报警栏出现图 5.2.9 的报警,并禁止操作示教器。

机器人每次开机输入的密码的路径选择与图 5.2.8(a)相同:在进入图 5.2.10(a)界面后点击"登录",进入图 5.2.10(b)界面后选择要登录的用户名,点击"登录",进入图 5.2.10(c)所示界面,输入正确的密码按[ENTER]键完成登录。

若要退出当前用户,在图 5.2.10(b)中点击注销即可。

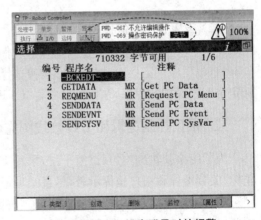

▲ 图 5.2.9 没有登录时的报警

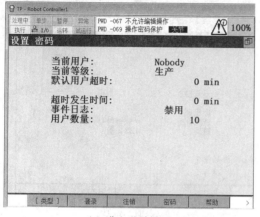

(a) 进入登录界面

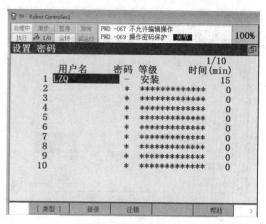

(b) 选择登录的用户

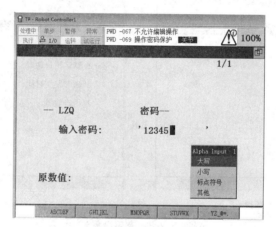

(c) 输入正确密码

▲ 图5.2.10 机器人开机登录方法

（二）设置程序写保护

设置程序写保护可以防止其他人修改保护程序,设置方法如下:按[SELECT]键进入图5.2.11(a)程序一览界面,按"属性"按钮选择"保护",显示保护状态,如图5.2.11(b)所示,光标定位到要保护的程序,在保护栏中将"OFF"改为"ON"。

二、根据控制逻辑和I/O接线图完成程序编写

为了使涂胶轨迹均匀、过渡平滑,采用CNT指令作为转角轨迹的过渡。灵活使用工具坐标、关节坐标和用户坐标示教,尽量减少定点。特别要注意,机器人姿态变化不能太大,否则影响执行速度,容易出现奇异点报警。按照I/O接线图、报警信息、用户信息和控制逻辑的要求,编写机器人程序如下:

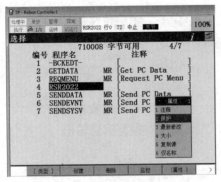
(a) 保护属性显示选择

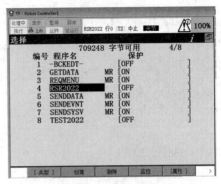
(b) 定位要保护的程序

▲ 图 5.2.11 程序写保护设置

1：	UFRAME_NUM=1	指定使用用户坐标1
2：	UTOOL_NUM=1	指定使用胶枪工具坐标1
3：	OVERRIDE=100%	调试时用
4：	LBL[1]	
5：	DO[101]=OFF	初始化,关闭胶枪
6：	RO[1]=OFF	初始化,关闭下一工序传递信号
7：	J P[1] 100% FINE	机器人在原始点
8：	WAIT DI[101]=ON	
9：	IF DI[102]=ON,JMP LBL[2]	如果胶枪堵塞,到 LBL[2]处理,否则执行下一行程序
10：	WAIT RI[1]=ON	工件已夹紧
11：	L P[2] 500mm/sec FINE	机器人运动到工作逼近点
12：	L P[3] 500mm/sec FINE	机器人运动到第一个工作点
13：	DO[101]=ON	打开胶枪
14：	A P[4] 500mm/sec CNT50 ACC50	由于图 5.2.1 规划的点(P[3~6])带两段圆弧,用 A 指令比 C 指令方便更改每条轨迹的参数。
15：	A P[5] 500mm/sec CNT50 ACC50	
16：	A P[6] 500mm/sec CNT50 ACC50	
17：	L P[7] 500mm/sec CNT50 ACC50	
18：	L P[8] 500mm/sec CNT50 ACC50	
19：	L P[3] 500mm/sec CNT50 ACC50	
20：	WAIT .40(sec)	回到起点延时 0.4 s 再关闭胶枪,使胶能与起点的胶融
21：	DO[101]=OFF	在一起,不出现间隙。否则车窗玻璃会漏水

22:	RO[1]=ON	向下一工序传递信号
23:	MESSAGE[Task Completed Success]	完成一次涂胶，输出一条信息
24:	JMP LBL[1]	循环
25:	LBL[2]	处理报警
26:	UALM[1]	按图 5.2.6 设置报警信息，没有设置则没有报警信息输出
27:	JMP LBL[1]	
	END	

三、试运行

（1）先在手动单步模式下以 50% 的速度运行程序，观察机器人涂胶轨迹是否顺畅，喷头离工件高度在 1~1.5 cm 范围。单步模式可以方便地观察每段运动轨迹的情况。

（2）在手动连续模式下以 100% 的速度运行，观察机器人是否报警和过渡半径过大。

（3）参照项目二配置系统必要的自动运行信号，让程序可以在自动模式下运行。

四、设定系统时间

系统时间是依靠控制柜的电池存储的，若出现电池电量低的报警，需要更换电池。系统时间设置方法如下：[MENU]→下一页"NEXT"→"系统"→"时间"，进入图 5.2.12(a)界面，点击"调整"按钮，进入图 5.2.12(b)界面，设置日期和时间。

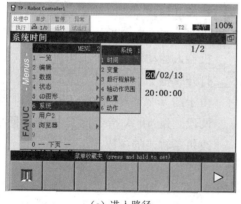
（a）进入路径

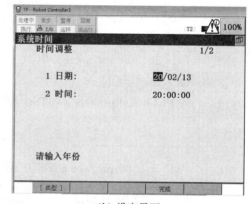
（b）设定界面

▲ 图 5.2.12 系统时间设置

 任务评价

完成本任务的操作后，根据考证考点，请你按表 5.2.2 检查自己是否学会了考证必须掌握的内容。

表 5.2.2 喷涂工作站示教编程评价表

序号	鉴定评分点	是/否	备注
1	能根据工件特征建立用户坐标		
2	能设置报警信息,在程序中使用报警指令		
3	能使用用户信息指令输出信息		
4	会设置用户密码		
5	能设置程序写保护		
6	能使用 A 指令实现圆弧编程		
7	能正确规划喷涂轨迹		
8	能完成 I/O 接线图的绘制并接线		
9	能在监控界面中监控信号状态,能用仿真信号功能模拟调试程序逻辑		

技巧

　　快速定位要查看的 I/O 信号的方法:在图 5.2.5 中,用[SHIFT]＋键盘的↑或↓键可以快速跳转。在编写程序时,采用此方法可以实现程序快速浏览或定位到某一行。

▶ **任务三　工业机器人涂胶运行调试及优化**

 学习目标

　　1. 学会根据工艺改变调整指令参数。
　　2. 能根据新工艺要求梳理控制逻辑和修改程序。
　　3. 灵活运用时钟计数指令实现节拍监控。
　　4. 能使用寄存器指令记录涂胶次数。

 任务描述

　　为提升效能,公司要求涂胶工作站的涂胶生产节拍提高 3～5 s;要求你在保障安全的前提下,修改涂胶轨迹程序并在手动单步、手动连续、自动模式下调试;优化轨迹转弯半径、速度。为了计算每天的产量,机器人要记录完成涂胶任务的次数;为了降低胶枪堵塞的风险,机器人每完成 4 次涂胶就对胶枪嘴刮胶一次。你作为喷涂工作站建设的助理工程师,请合理修改涂胶工作站原程序,按照要求提高生产效率。机器人检测到胶枪堵塞时间超过 2 min

则定义为严重故障,需要设备复位排查原因,机器人回到原始点等待。

任务分析

一、提升生产节拍的切入点

要提高 1 s 的生产效率,都是对机器人运行和外围设备参数调节的挑战。提升涂胶的生产节拍从两个方面切入:

(1) 将喷胶泵输入的空气压力从 0.4 MPa 提升至 0.45 MPa 由于车间的用气量较大,空气压缩机在储气罐低于设定下限时才自动启动增加储气量,气路的压力波动比较明显,因此喷胶泵的输入空气压力不能调得太大。

(2) 将涂胶轨迹的运动速度从 500 mm/s 提高到 550 mm/s 机器人涂胶轨迹速度要配合喷胶速度来调节。同时,要观察转角处的过渡效果,根据实际调整过渡半径 CNT 和加速度 ACC,重点观察机器人运动速度增大后过渡半径(转角)处的路径有没有超出涂胶范围。现把 CNT 的值降为 30,把 ACC 的值提高到 80。

二、使用时钟指令监控程序执行时间

时钟指令的使用格式如下:

TIMER[i] (Processing) i:时钟号,Processing:状态

时钟指令的状态有 3 种,分别对应时钟指令的 3 条指令。这三条指令配套使用,方法如下:

TIMER[1]＝RESER   计时器复位
TIMER[1]＝START   计数开始
   ⋮   要计时的程序行范围
TIMER[1]＝STOP   计时停止

1. 插入时钟指令的路径

如图 5.3.1 所示,在程序编写界面中点"指令"→"其他"→选择"TIMER[ ]",进入图

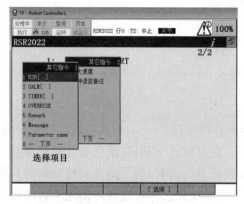

(a) 插入 TIMER 指令的路径

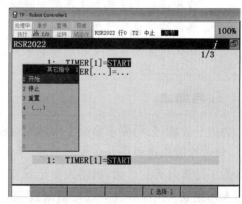

(b) 输入指令号和选择功能

▲ 图 5.3.1 TIMER 指令的使用

5.3.1(b)所示界面。

2. 查看计时值的方法

如图 5.3.2 所示，按菜单[MENU]→下一页"NEXT"→状态"STATUE"→"程序计数器"→[ENTER]，进入程序时钟显示画面。在图 5.3.2(b)中，可以查看 TIMER 包含的程序段执行的时间。

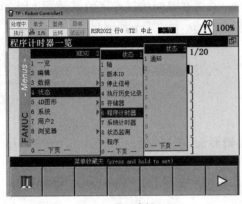

(a) 进入路径

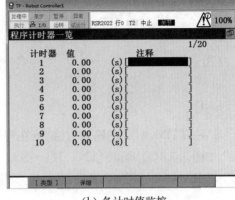

(b) 各计时值监控

▲ 图 5.3.2 查看各计时器的值

三、使用寄存器指令记录涂胶完成次数

由于胶的黏度大，在空气中容易硬化，特别是长时间没有喷胶，枪嘴会被堵住。因此，不刮胶会影响胶型的稳定。把枪嘴移到刮胶工作台的钢丝上，将多余的胶刮走，留在钢丝上的胶凝固后由气缸推到刮胶板清理。

按照任务要求，为防止胶枪堵塞，每完成 4 次涂胶就对枪嘴刮胶 1 次。采用寄存器指令 R[i]记录，i 为寄存器号码，从 1 开始编号。

FANUC 机器人的数据寄存器 R[i]是全局变量，在程序内是为同一个；点寄存器 P[i]是局部变量，程序内 P[i]可以设置不同的位置值。寄存器支持＋、－、＊、/四则运算和多项式，其中，i＝1,2,3……，为寄存器号。R[i]的使用格式为：

R[i]＝Constant 常数
   ＝R[i]
   ＝R[i]＋Constant
   ＝PR[i,j]位置寄存器某个坐标值
   ＝DI[i]输入信号状态
   ＝Timer[i]程序计时器

四、检测胶枪堵塞时间

采用等待指令 WAIT，等待胶枪堵塞的信号断开（计算 DI[102]为 ON 的时间）。若堵

塞时间超过 2 min 则定义为严重故障,需要设备复位排查原因,机器人回到原始点等待。使用超时等待的方法如下:

……	前面程序
$WAITTIMOUT=12000	设置超时时间:12000 * 10ms = 120s = 2min
WAIT DI[102]=ON,TIMEOUT LBL[1]	若堵塞时间超过设定值跳转到 LBL[1] 处理
……	
LBL[1]	机器人返回原点
……	
END	

"$WAITTIMOUT"的输入方法为:在程序编辑界面,选择"指令"→"其他"→"Parameter name",如图 5.3.3(a)所示→[ENTER]→图 5.3.3(b)所示界面,选择"$…=…",进入图 5.3.3(c)所示界面→将光标定位到 $ 后,点击"选择"按钮→在图 5.3.3(d)中,选择"WAITTIMOUT"。

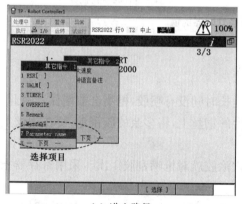

(a) 进入路径

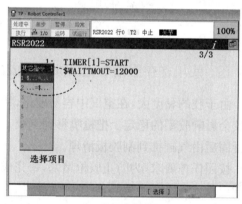

(b) 选择参数模式

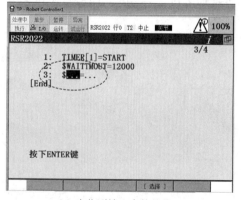

(c) 定位到输入参数的位置

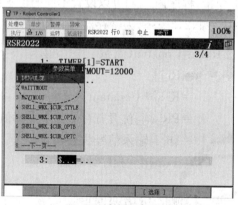

(d) 调出参数选择菜单

▲ 图 5.3.3 $WAITTIMOUT 输入方法

五、涂胶轨迹规划

涂胶的轨迹与任务二相同,如图 5.3.4 所示增加刮胶轨迹。保持任务二程序框架,编写刮胶功能用子程序。从下向上刮,从 P[10]点向 P[11]点运动,速度设定为 300 mm/sec。

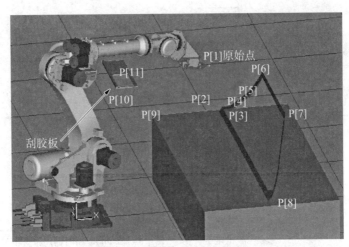

▲ 图 5.3.4　刮胶轨迹规划和涂胶轨迹规划

六、修改 I/O 图

增加刮胶板后,由机器人直接控制刮胶电磁阀,清除刮胶后留下的废胶,图 5.2.4(a)保持不变,将图 5.2.4(b)修改为图 5.3.5。

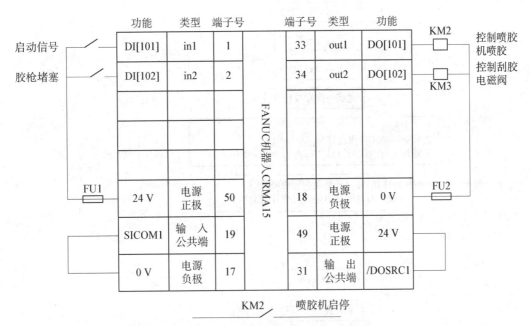

▲ 图 5.3.5　原 I/O 图增加刮胶清理功能

七、修改控制流程图

根据刮胶的要求、生产节拍监控、胶枪堵塞处理、完成任务次数记录的功能规划,将任务二图 5.2.2 修改为图 5.3.6。

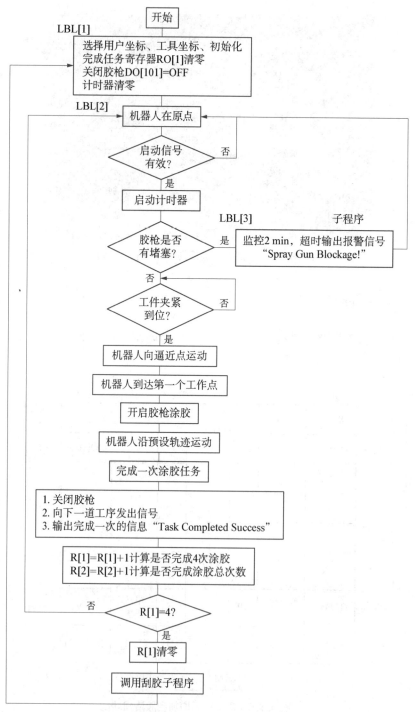

▲ 图 5.3.6　涂胶控制流程修改

任务准备

一、编写胶枪堵塞处理子程序 DS001

1：	$WAITTIMOUT＝12000	设置超时时间：12000＊10ms＝120s＝2min
2：	WAIT DI[102]＝ON,TIMEOUT LBL[1]	若堵塞时间超过设定值跳转到LBL[1]处理
3：	END	否则没有堵塞,结束当前子程序
4：	LBL[1]	机器人返回原点
5：	J P[1] 100％ FINE	
6：	UALM[1]	
	END	

二、编写刮胶子程序 GJ001

1：	L P[2] 550mm/sec FINE	机器人完成涂胶后回到逼近点 P[2]
2：	L P[9] 600mm/sec FINE	到达刮胶逼近点
3：	L P[10] 600mm/sec FINE	
4：	L P[11] 300mm/sec FINE	
5：	DO[102]＝ON	刮胶板气缸动作,清理刮胶后在钢丝留下的
6：	WAIT .50(sec)	废胶
7：	DO[102]＝OFF	刮胶气缸复位
	END	

 任务实施

一、编写 RSR2022 主程序

1：	UFRAME_NUM＝1	指定使用用户坐标1
2：	UTOOL_NUM＝1	指定使用胶枪工具坐标1
3：	OVERRIDE＝100％	调试时用
4：	R[2]＝0	计算完成涂胶总的次数
5：	LBL[1]	
6：	DO[101]＝OFF	初始化,关闭涂胶机
7：	RO[1]＝OFF	初始化,关闭下一工序传递信号
8：	R[1]＝0	把完成任务次数清零

9:	TIMER[1]=RESER	计时器清零
10:	LBL[2]	
11:	J P[1] 100% FINE	机器人在原始点
12:	WAIT DI[101]=ON	启动信号有效
13:	TIMER[1]=START	
14:	IF DI[102]=ON,JMP LBL[3]	如果胶枪堵塞,到 LBL[2]处理,否则执行下一行程序
15:	WAIT RI[1]=ON	工件已夹紧
16:	L P[2] 550mm/sec FINE	机器人运动到工作逼近点
17:	L P[3] 550mm/sec FINE	机器人运动到第一个工作点
18:	DO[101]=ON	打开胶枪
19:	A P[4] 550mm/sec CNT30 ACC80	
20:	A P[5] 550mm/sec CNT30 ACC80	
21:	A P[6] 550mm/sec CNT30 ACC80	
22:	L P[7] 550mm/sec CNT30 ACC80	
23:	L P[8] 550mm/sec CNT30 ACC80	
24:	L P[3] 550mm/sec CNT30 ACC80	
25:	WAIT.40(sec)	
26:	DO[101]=OFF	
27:	RO[1]=ON	向下一工序传递信号
28:	R[2]=R[2]+1	
29:	R[1]=R[1]+1	
30:	MESSAGE[Task Completed Success]	完成一次涂胶,输出一条信息
31:	TIMER[1]=STOP	
32:	IF R[1]<4,JMP LBL[2]	小于 4 次涂胶,回重新执行涂胶过程
33:	R[1]=0	已完成 4 次涂胶,R[1]清零
34:	CALL GJ001	调用刮胶子程序
35:	JMP LBL[1]	循环
36:	LBL[3]	调用胶枪堵塞处理子程序
37:	CALL DS001	
38:	JMP LBL[2]	返回机器人原点
	END	

二、手动单步、手动连续、自动模式下调试

程序在任务二的基础上修改后,先用手动单步模式(让 STEP 有效,每按一次[SHIFI]+[FWD]执行一行程序),观察每一步程序运行的效果。注意机器人姿态是否变化

过快和胶路是否平稳。在进入自动运行之前先用手动连续(取消 SETP)方式试运行一次，有任何意外情况时，按下示教器急停按钮查找故障。

 任务评价

完成本任务的操作后，根据考证考点，请你按表5.3.1检查自己是否学会了考证必须掌握的内容。

表 5.3.1 涂胶工作站优化评价表

序号	鉴 定 评 分 点	是/否	备注
1	能在手动单步、手动连续、自动模式下运行程序		
2	能使用寄存器进行累加运算		
3	能用程序计时指令监控程序执行时间		
4	能更加工艺改变修改 I/O 图、控制逻辑图、程序		
5	能用子程序实现程序结构化		

技巧 •••••••••••••••••••••••••••••••

全局变量 PR 的使用

在定点时，将机器人原始位置 P[1]点的位置数据存入 PR[2](直接输入法)，将涂胶逼近点 P[2]点的位置数据存入 PR[2]。主程序和子程序都可以使用 PR 的位置数据。在 FANUC 机器人中，P[i]是局部变量，PR[i]是全局变量。同一个局部变量在不同程序中可以存储不同的值；同一个全局变量在不同程序中的值是一样的。

任务四 工业机器人车窗涂胶的操作与编程

 学习目标

1. 学会建立外部工具测量坐标方法，并用于定点示教。
2. 能根据工艺要求规划机器人多任务工作路径。

 任务描述

机器人涂胶有两种方式，一种是工件固定，胶枪固定在机器人上，机器人带动胶枪涂胶；另一种是胶枪固定，机器人夹取工件，把工件放到胶枪下，边涂边移动工件。第一种方式把工序细化,机器人只负责对工件涂胶一项任务,生产效率高,枪嘴刮胶方便;第二种方式中,机器人往往要完成工件移动式涂胶,涂胶结束后把工件装到其他部件处,机器人一机多用,节约了设备投入成本。企业会根据不同的生产工艺和成本预算选择。

健泰公司完成车窗涂胶的流水线施工后,着手建设汽车挡风玻璃涂胶生产线。工程部集中研究后,决定采用上述第二种方式。你作为工程部的助理工程师,要求你负责机器人涂胶的程序调试和联合涂胶机的系统集成。你要完成以下工作:

(1) 为胶枪建立机器人外部测量坐标系,以规范示教定点。

(2) 做好必要的安全信号设计,完成涂胶机与机器人的 I/O 接线。

(3) 合理规划挡风玻璃涂胶的轨迹,完成机器人程序编写、调试、自动运行设置。

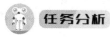 任务分析

一、根据设备特点规划工位设备的布局

如图 5.4.1 所示,机器人从来料生产线吸起玻璃,放到胶枪下完成涂胶,完成一次任务后放到成品放置点(组装在汽车车门上),胶枪倾斜 30°安装在固定架上。

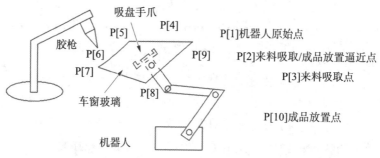

▲ 图 5.4.1 外部 TCP 下的工作站设备布局

二、为方便示教,以固定的胶枪建立外部工具坐标

外部工具坐标 REMOTE TCP 也称作外部测量坐标系,以地面固定工具上的某一点为坐标系,使得机器人可以快速沿预定方向移动和旋转。

1. REMOTE TCP 坐标下定点的优势

(1) 方便工具布线,机器人可转动角度大,无需携带繁重工具 由于 REMOTE TCP 坐标建立在固定胶枪的枪嘴上,相对于地面固定,气管、电线可以固定布线,比放在旋转的机器人轴上更方便,不需考虑气管、电线是否因机器人运动而弯曲磨损。繁重的工具不会成为机器人的负担。

(2) 示教时方便旋转 如图 5.4.2(a)所示,定义 REMOTE TCP 时,以胶枪嘴的坐标点旋转,比图 5.4.2(b)中以工具中心 TCP 旋转更方便。

(3) 减少示教点,各涂胶工作点离玻璃的高度一致 如图 5.4.3(a)所示,当工件在胶枪处作喷涂轨迹编程时,由于 REMOTE TCP 的 X、Y 轴方向与工件边的切线方向一致,因此

沿工件边作直线定点是比较容易的,且能保证每个点的高度一致;而图5.4.3(b)中,通过装在法兰上工具的工具坐标和世界坐标/用户坐标示教,难以保证每个点间的轨迹与胶枪的TCP方向平行。

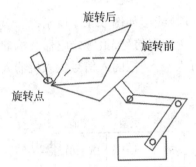
（a）REMOTE TCP 旋转点在喷枪嘴

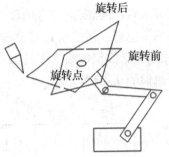
（b）工具中心 TCP 旋转点在工具中心

▲ 图5.4.2　旋转比较

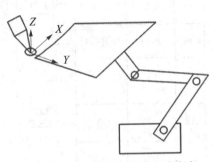
（a）以 REMOTE TCP 坐标方向定点

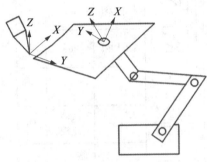
（b）以工具坐标/世界坐标定点

▲ 图5.4.3　定点比较

2. REMOTE TCP 的局限性

如果某行指令指定使用 REMOTE TCP,机器人运行时将以 REMOTE TCP 取代机器人工具坐标 TCP,其他没有指定的程序行仍使用机器人第六轴法兰安装的工具坐标 TCP。例如:

1:	UFRAM_NUM=1	
2:	UTOOL_NUM=1	使用安装在机器人上的工具的工具坐标（TCP）
3:	J　P[1]　100%　FINE	
4:	L　P[2]　500mm/sec　FINE　RTCP	使用 REMOTE TCP,直线运动
5:	C　P[2]	使用 REMOTE TCP 画圆
6:	P[3]　500mm/sec　FINE　RTCP	
	L　P[3]　600mm/sec　FINE	使用 TCP,直线运动
	END	

REMOTE TCP 功能仅适用于直线和圆周运动，不适用于关节运动，不支持相对用户坐标系 UFRAME 的附加运动。

三、设计 I/O 接线图

根据控制要求，要加强安全信号的设计，I/O 接线图如图 5.4.4 所示，加入了运行过程检测有人闯入的传感器。在控制处理中，若 DI[104] 有信号，报警蜂鸣器会响起；在更严格的场合，会使用激光扫描仪检测工作过程是否有人闯入，把闯入信号置入机器人控制系统，让机器人不停机但降速运行。

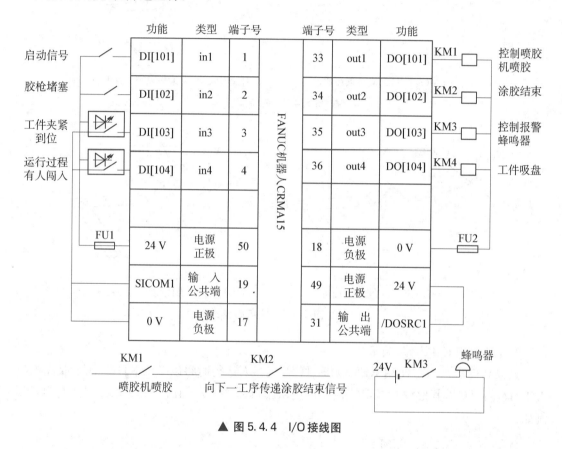

▲ 图 5.4.4 I/O 接线图

四、规划控制逻辑使编程思路清晰

根据控制要求和 I/O 接线图，从涂胶的执行流程出发，规划程序控制逻辑，如图 5.4.5 所示。

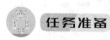 任务准备

建立机器人 REMOTE TCP，为示教定点做准备。

5-36

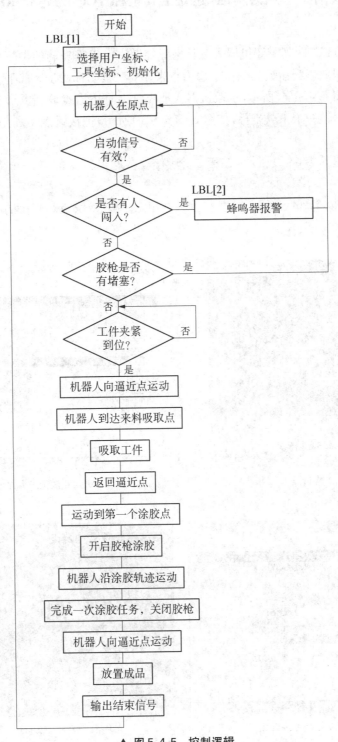

▲ 图 5.4.5　控制逻辑

一、以夹具的一个点为基准,建立工具坐标 TCP,为建立 REMOTE TCP 做准备

建立 REMOTE TCP 需要机器人工具坐标辅助。由于吸玻璃的夹具由吸盘组合,难以找到其中心点,因此以吸盘夹具的一个边沿点来建立工具坐标。步骤如下:

步骤一:如图 5.4.6(a)所示,示教机器人把吸盘夹具边沿点放到方形工件的边角,参照项目四,六点法示教一个工具坐标,如图 5.4.6(b、c)所示,把接近点 1 和坐标原点作为同一个点记录。

步骤二:如图 5.4.6(d)所示,在第二个姿态,靠近步骤一的同一个点,作为接近点 2 记录。

步骤三:如图 5.4.6(e)所示,示教机器人在第三个姿态,靠近步骤一的同一个点,作为接近点 3 记录。

(a) 接近点 1

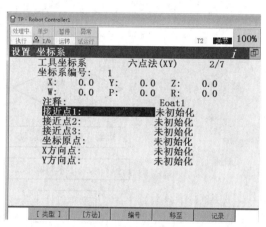

(b) 六点法记录界面

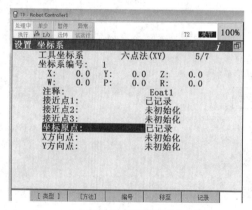

(c) 记录原点和接近点 1

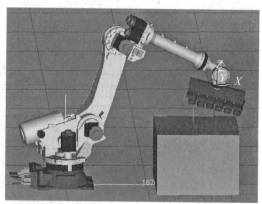

(d) 第二个姿态靠近同一个角点

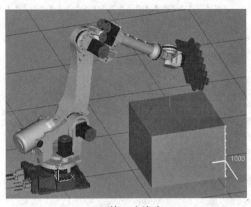

（e）第三个姿态

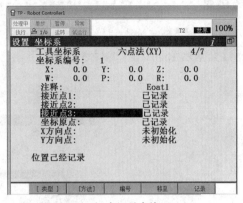

（f）点记录完毕

▲ 图 5.4.6 不同姿态在同一点的位置记录

步骤四：如图 5.4.7(a、b)所示在原点处，夹具沿 X 方向和 Y 方向移动至少 250 mm，分别记录 X 方向点和 Y 方向点，如图 5.4.7(c)所示。

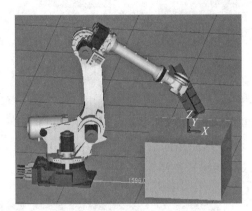

（a）X 方向移动至少 250 mm

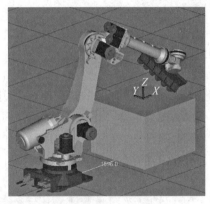

（b）Y 方向移动至少 250 mm

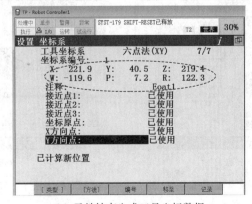

（c）示教结束生成工具坐标数据

▲ 图 5.4.7 示教方向

关键点 •

示教一个接近点，执行[SHIFT]＋[MOVE TO]一次，观察是否有奇异点报警。否则，就算记录了位置，连续运行时也可能出现报警"在奇异点附近"，如图5.4.8所示。

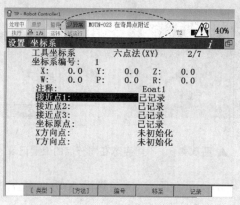

▲ 图5.4.8　示教过程出现奇异点

二、建立 REMOTE TCP

建立 REMOTE TCP 的过程与建立用户坐标的过程类似。步骤如下：

步骤一：按菜单键[MENU]→设置"SETUP"→"坐标系"（Frames）→[ENTER]→选择"坐标 OTHER"→选择"User/RTCP"，如图5.4.9（a）所示。在图5.4.9（b）中，可以看到REMOTE TCP 的清单，本任务 REMOTE TCP 的编号选择为1。

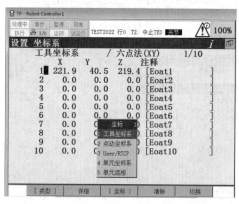

（a）选择 RTCP

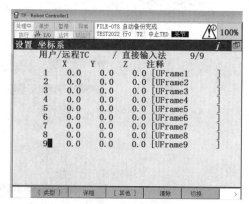

（b）外部 TCP 列表

▲ 图5.4.9　进入 Remote TCP 的方法

步骤二：在图5.4.9（b）中选择"详细"→"方法"→"三点法"，如图5.4.10所示，采用三点法示教。

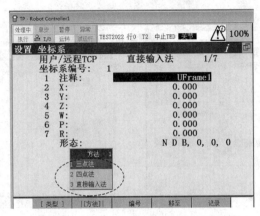

▲ 图 5.4.10　Remote TCP 示教方法选择

步骤三：玻璃吸盘建立的工具坐标的原点作为 REMOTE TCP 的坐标原点，如图 5.4.11 所示。按照预定的 X、Y 方向分别移动至少 250 mm，确定 REMOTE TCP 的 X 方向和 Y 方向。

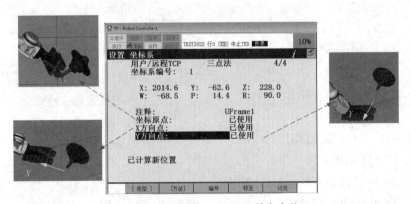

▲ 图 5.4.11　Remote TCP 的各点位

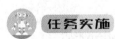
任务实施

一、涂胶点在 REMOTE TCP 下示教

编程示教要用到 REMOTE TCP 时，通过示教器的[FCTN]功能键调出 REMOTE TCP，如图 5.4.12(a)所示；在调出的菜单中选择"切换 RTCP"，在程序编辑界面就可显示"R-2D 用户"，说明已在 REMOTE TCP 坐标下示教定点。要退出 REMOTE TCP，再执行一次"切换 RTCP"即可。

二、编写机器人程序

根据控制流程、I/O 接线图和任务要求，编写机器人程序如下：

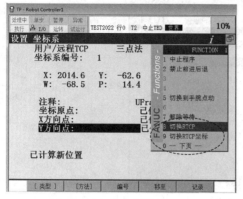
（a）进入方法

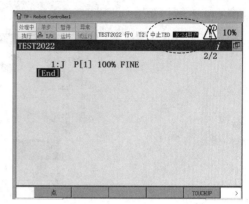
（b）界面显示

▲ 图 5.4.12　Remote TCP 的选择方法

1：	UFRAME_NUM=1	指定使用用户坐标1
2：	UTOOL_NUM=1	指定使用胶枪工具坐标1
3：	OVERRIDE=100%	调试时用
4：	LBL[1]	
5：	DO[101]=OFF	初始化,关闭胶枪
6：	DO[102]=OFF	初始化,关闭下一工序传递信号
	DO[103]=OFF	关闭蜂鸣器
	DO[104]=OFF	关闭吸盘
7：	J P[1]100% FINE	机器人在原始点
8：	WAIT DI[101]=ON	
9：	IF DI[104]=ON,JMP LBL[2]	
10：	DO[103]=OFF	无人闯入,关闭报警
11：	IF DI[102]=ON,JMP LBL[1]	如果胶枪堵塞返回机器人原点
12：	WAIT DI[103]=ON	工件已夹紧
13：	L P[2] 500mm/sec FINE	机器人运动到工作逼近点
14：	L P[3] 500mm/sec FINE	机器人运动到工件吸取点
15：	DO[104]=ON	吸盘吸取工件
16：	L P[2] 500mm/sec FINE	机器人返回工作逼近点
17：	L P[4] 500mm/sec FINE	机器人到达第一个喷涂工作点
18：	DO[101]=ON	打开胶枪
19：	L P[5] 500mm/sec　FINE　RTCP	使用 REMOTE TCP 运动
20：	C P[6]	
21：	P[7] 500mm/sec　FINE　RTCP	

22：	L P[8] 550mm/sec CNT30 ACC80	
23：	L P[9] 550mm/sec CNT30 ACC80	
24：	WAIT .40(sec)	回到起点延时0.4s再关闭胶枪
25：	L P[2] 500mm/sec FINE	机器人返回工作逼近点
26：	L P[10] 500mm/sec FINE	运动到放置点
27：	WAIT .40(sec)	
28：	DO[104]=OFF	关闭吸盘,放下工件
29：	DO[102]=ON	向下一工序传递信号
30：	JMP LBL[1]	循环
31：	LBL[2]	处理蜂鸣器报警
32：	DO[103]=ON	
33：	JMP LBL[1]	
	END	

三、在手动模式下运行程序成功后再切换到自动运行模式

执行程序,观察 REMOTE TCP 示教后涂胶轨迹是否平滑,过渡半径是否合理。

任务评价

完成本任务的操作后,根据工作要求,请你按表5.4.1检查自己是否学会了考证必须掌握的内容。

表5.4.1 车窗涂胶应用案例编程评价表

序号	鉴定评分点	是/否	备注
1	能根据示教器的引导建立 REMOTE TCP		
2	能在示教器的程序界面运用 REMOTE TCP 定点		
3	能规划胶枪固定的涂胶轨迹点		
4	能根据绘制的 I/O 接线图正确接线		
5	能更改工艺要求梳理控制逻辑		

 任务训练

将控制要求表达为清晰的流程图是保证编程逻辑正确的有效途径。本任务中,在机器人运行时若有人闯入,在蜂鸣器鸣响的同时,让示教器输出报警信息"Be careful!"。请你根据此要求修改图5.4.5。

项目六
工业机器人码垛应用编程

　　机器人不但可以码垛规则的工件,也可以码垛不规则的工件。为避免工人繁重的体力劳动、提高码垛的速度、降低人力成本、减少工作失误,蓝星卫浴有限公司在淋浴头的生产线终端,采用机器人码垛。你作为公司生产技术部的组长,由你完成码垛工作站的建设,包括机器人的选型、夹具出图、I/O 接线、示教编程等。改造过程要把安全性放在第一位,力争减少成本。

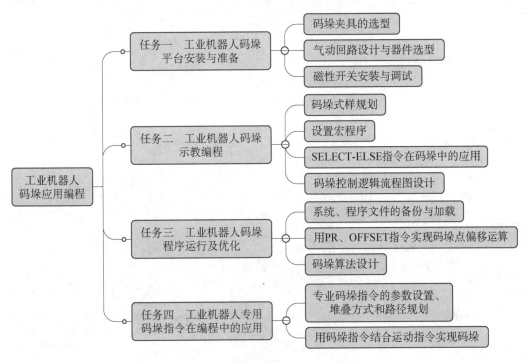

机器人码垛应用案例

任务一　工业机器人码垛平台安装与准备

 学习目标

> 1. 能根据生产要求合理布置码垛设备位置。
> 2. 根据工件选择码垛夹具的类型,正确安装码垛夹具。
> 3. 能设计和安装码垛所需气动回路。

 任务描述

　　蓝星公司已把码垛工作站的设备采购回来。作为生产技术部组长,请你根据生产实际布置机器人和码垛平台,选配合适的夹具,完成夹具的安装调试;选配适合的电磁阀、负压发生器完成气路设计。每箱产品的重量为(40±0.12)kg,箱子尺寸为 600 mm×400 mm×400 mm。

 任务分析

一、根据工件特点选配夹具

　　机器人码垛应用中常用的腕部夹具,如图 6.1.1 所示。图 6.1.1(a、b)所示的夹具适用于袋装化肥、粮食、饲料、工业原料等的搬运,不同厂家生产的动力方式有所区别。图 6.1.1(c)所示是真空吸盘夹具,应用较广,常用于搬运、分拣、码垛、装配等,使用真空吸盘能缩小夹具体积,不会损伤产品的表面,能快速定位,精准拾取。图 6.1.1(d)所示是箱子夹具,适用于箱类产品码垛,一次可以抓二三箱,在夹板上附有橡胶条,一方面可以保护箱子不被夹坏,另一方面可以增加摩擦力,两夹板保证箱体整齐放置。

　　本任务是码垛包装后的箱子,采用图 6.1.1(c)中的吸盘吊型夹具。

　(a) 气缸水平用力手爪　　　(b) 气缸垂直用力手爪　　　(c) 吸盘吊型夹具　　　(d) 面型夹具

▲ 图 6.1.1　常用码垛夹具

二、根据任务特点选择码垛机器人型号

搬运机器人和码垛机器人在本质上并没有太大的区别,它们的硬件组成和控制方式是相同的。搬运一般使用六轴机器人,码垛多使用四轴机器人。码垛机器人应用比较专一,对机械手灵活度要求不高,只需平面移动就可以了;而搬运机器人不但要抓取动作,有时候还要配合工序执行产品的旋转、前倾、侧翻等动作。轴数较多的机器人在搬运中有较大的优势。

考虑到日后改造方便,提高码垛的柔性功能,本任务采用六轴机器人;根据产品的重量和尺寸,选取 R-1000iA/80F 机器人,其参数见表 6.1.1。

表 6.1.1 R-1000iA/80F 机器人参数

序号	项　　目		技术要求
1	型号		R-1000iA/80F
2	最大负载		80 kg
3	可达半径		2 230 mm
4	重复精度		±0.2 mm
5	控制轴数		六轴
6	机器人质量		620 kg
7	动作范围	J1 轴(旋转)	360°
8		J2 轴(旋转)	245°
9		J3 轴(旋转)	360°
10		J4 轴(手腕旋转)	720°
11		J5 轴(手腕旋转)	250°
12		J6 轴(手腕旋转)	720°
13	机器人安装方式		地面安装

三、规划码垛工作站布局,提高机器人工作效率

为提高车间空间的利用率,采用行业的一般做法,机器人与流水线平行布置。码垛区在机器人正前方,方便机器人操作。总体布局如图 6.1.2 所示。

四、根据执行机构设计气动回路

为了让工件到达搬运点时能摆正姿态让机器人吸取,在搬运点前用气缸将箱子推到传送带中央摆正。具体气路如图 6.1.3 所示,采用双控电磁阀控制摆正气缸,采用单控电磁阀控制吸盘夹具。

五、正确选配码垛夹具上的吸盘

每个工件重(40±0.12)kg,现计算一个吸盘的吸力。吸取工件的重量留有余量,以41 kg 计算。

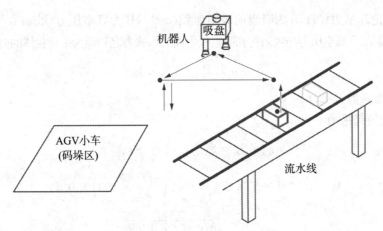

▲ 图 6.1.2 工作站整体布局设计

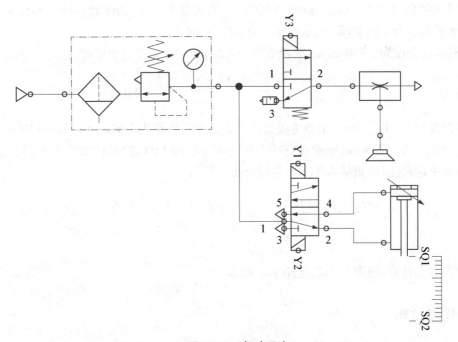

▲ 图 6.1.3 气动回路

1. 确定起吊方式

常用的起吊方式有两种,如图 6.1.4 所示,一是水平起吊,二是垂直起吊。本任务采用水平吸取方式。

2. 确定吸盘吸附力

(1) 水平起吊 根据真空压力计算起吊力为

$$F = P \times S \times 0.1。$$

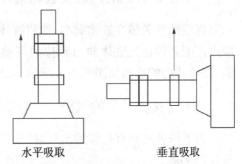

▲ 图 6.1.4 吸力方向

式中,F 为理论起吊力(N),S 为吸盘的吸附面积(cm^2),P 为真空压力(kPa)。

(2) 垂直起吊　真空压力与吸附物和吸盘吸附面的摩擦力之和即为维持物体的力(吸附力),则

$$F = \mu \times P \times S \times 0.1 \text{。}$$

式中,μ 为摩擦系数,$\geqslant 2.5$。

(3) 吸盘的起吊力

$$\text{起吊力} = \text{理论起吊力} \div t \text{。}$$

吸盘的起吊力

$$W = n \times P \times S \times 0.1 = P \times \left(\frac{\pi D^2}{4} \times 100 \right) \times 0.1,$$

吸盘直径

$$D = 2 \times \sqrt{\frac{Mg \times t \times 1\,000}{\pi \times n \times P}} \text{。}$$

式中,M 为吸附物的重量(kg),$g = 9.8$ N/kg,n 为吸盘个数,D 为吸盘直径(mm)。t 为安全系数,水平起吊为 4 以上,取 4;垂直起吊为 8 以上,取 8。

例如,真空度为 -700 mbar,吸盘直径为 $\phi 20$ mm 时,单个吸盘的吸力为

$$F = \frac{P \times S}{\mu} = \frac{0.7 \times 3.14 \times 10^2}{3} = 0.73 \text{(kg)} \text{。}$$

粗略经验是:半径(cm^2)值级为吸力(kg)值。单位换算为 1 MPa = 10 bar = 10 kg/cm^2。

真空压力为 -70 kPa(一般真空压力在 $-60 \sim -80$ kPa 之间,因为吸盘有漏气),用 12 个吸盘水平起吊工件,重量为 41 kg,采用吸盘直径为

$$D = 2 \times \sqrt{\frac{Mg \times t \times 1\,000}{\pi \times n \times P}} = 2 \times \sqrt{\frac{41 \times 9.8 \times 4 \times 1\,000}{\pi \times 4 \times 70}} = 49 \text{(mm)} \text{。}$$

3. 吸盘选型

根据以上计算,查表 3.1.2,选用 $\phi 50$ 吸盘。

 任务准备

一、摆正货物的气缸安装和磁性开关位置调节

将磁性开关装在缸体前端,检测缸体伸出到位时磁性开关信号;安装后,磁性开关的感应点范围必须在气缸体伸出到位的可检测范围内。摆正功能气缸选取图 6.1.5 所示的类型,磁性开关的选型如图 6.1.6 所示。

二、连接夹具上的气路

为了保证夹具有足够的出气量,气管至少采用 $\phi 10$ 以上的线径,夹具的外形和气路如图 6.1.7 所示。

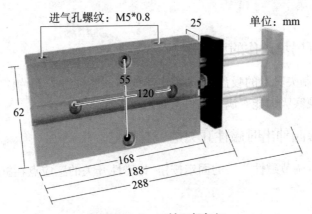

进气孔螺纹：M5*0.8　　　25　　　单位：mm

55
120
62
168
188
288

▲ 图 6.1.5　双轴双杆气缸

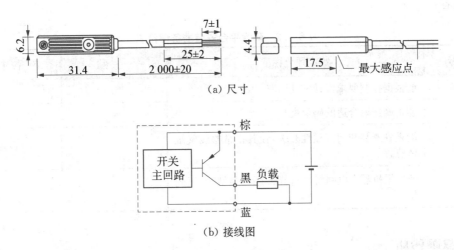

7±1

6.2
31.4　　25±2　　2 000±20

4.4
17.5　　最大感应点

（a）尺寸

棕

开关
主回路　　黑　负载

蓝

（b）接线图

▲ 图 6.1.6　三线磁性开关

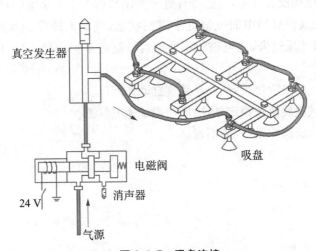

真空发生器

电磁阀

消声器

24 V

气源

吸盘

▲ 图 6.1.7　吸盘连接

任务实施

一、手动验证码垛动作的可靠性

采用电磁阀控制夹具上的吸盘,需要将电磁阀的试验旋钮按下,锁定后再示教机器人将夹具放到工件上,观察吸力能否满足工件重量的要求。

二、观察电磁阀伸出时磁性开关是否有信号

如果没有信号,调节磁性开关的固定按钮,让磁性开关的感应点在缸体伸出点附近。

 任务评价

完成本任务的操作后,根据考证考点,请你按表6.1.2检查自己是否学会了考证必须掌握的内容。

表6.1.2　码垛平台安装准备评价表

序号	鉴定评分标准	是/否	备注
1	能根据控制要求设计气动回路		
2	能正确选取合适的码垛夹具		
3	能正确安装和调节磁性开关,让其正常检测气缸体位置		
4	能根据机器人电路特性选择传感器类型,并正确接线		

 故障分析

故障现象 电磁阀没有通电,气缸推杆处于伸出状态。正常是缩回状态。

一般,要求电磁阀没有通电时气缸处于缩回状态,气动系统图的气路按这一状态表达(除非工业特殊要求才反过来,让电磁阀不通电时气缸处于伸出状态)。出现这种现象从以下3个方面排查:

(1) 气缸出入气的气管接反,从而导致气缸动作相反。

(2) 电磁阀的试验旋钮被锁定,电磁阀模拟了通电状态。

(3) 气路中的节流阀拧紧,气路不通。

任务二　工业机器人码垛示教编程

 学习目标

1. 合理规划码垛工作路径，完成堆叠样式的设计。
2. 根据外围设备信号，设计机器人 I/O 接线图并完成接线。
3. 设计码垛程序运行逻辑，规范绘制流程图。

 任务描述

　　蓝星卫浴有限公司淋浴头生产车间最后的工序采用机器人将产品装箱码垛、入库。淋浴头在流水线的包装段由工人清点、包装、封箱后，整箱进入码垛段。当码垛段的传感器检测到有箱到来时，报警器响起，提示机器人即将工作，工人不要靠近，摆正气缸将工件推到流水线中央。当箱子到达码垛段末端时，限位开关给出信号，机器人把箱子按照错位的方式在 AGV 小车上堆叠两层。堆叠结束，AGV 小车运走入库，下一台 AGV 小车待命。

　　作为生产部的技术员，请你设计各层堆垛的式样，示教机器人完成码垛搬运，让机器人与外围设备集成控制。如果 AGV 小车没有就位或信号故障，则执行预定宏程序。把货物放到临时区后，机器人回原点待命。所有记录的数据清零，以便故障排除后重新记录生产情况（箱子尺寸：60 cm×30 cm×32 cm）。

 任务分析

一、确定各层堆垛样式

　　为了让 AGV 小车在运送时增加摩擦力，不至于掉落，如图 6.2.1 所示的两层工件采用错位放置的方式。若堆叠层数增加，单数层采用第一层的样式，双数层采用第二层的样式。

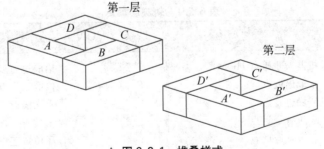

▲ 图 6.2.1　堆叠样式

二、合理规划码垛轨迹

根据设备布局，为保证机器人运动时姿态变化平缓，尽量减少过渡点，路径规划如图6.2.2所示，各轨迹点的意义见表6.2.1。

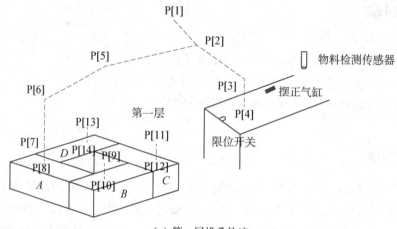

（a）第一层堆叠轨迹

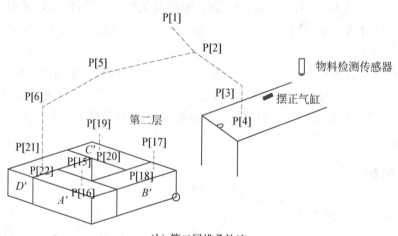

（b）第二层堆叠轨迹

▲ 图 6.2.2　码垛轨迹规划

表 6.2.1　轨迹点意义

点 号	位　　置	点 号	位　　置
P[1]	机器人原始点 HOME	P[2]	拾取过渡点
P[3]	拾取逼近点	P[4]	拾取工作点
P[5]	码垛过渡点	P[6]	码垛逼近点
P[7]	A 位置逼近点	P[8]	A 位置工作点
P[9]	B 位置逼近点	P[10]	B 位置工作点

续　表

点号	位　置	点号	位　置
P[11]	C 位置逼近点	P[12]	C 位置工作点
P[13]	D 位置逼近点	P[14]	D 位置工作点
P[15]	A′位置逼近点	P[16]	A′位置工作点
P[17]	B′位置逼近点	P[18]	B′位置工作点
P[19]	C′位置逼近点	P[20]	C′位置工作点
P[21]	D′位置逼近点	P[22]	D′位置工作点

三、根据控制信号需求设计机器人 I/O 接线图

根据吸盘的控制特点,采用单控电磁阀控制负压发生器,再控制吸盘吸取工件;摆正气缸采用双控电磁阀控制,报警器采用 24 V 直流蜂鸣式警报器,物料限位和 AGV 小车到位采用行程开关检测。物料到来信号采用光电传感器检测。机器人 I/O 接线图,如图 6.2.3 所示。

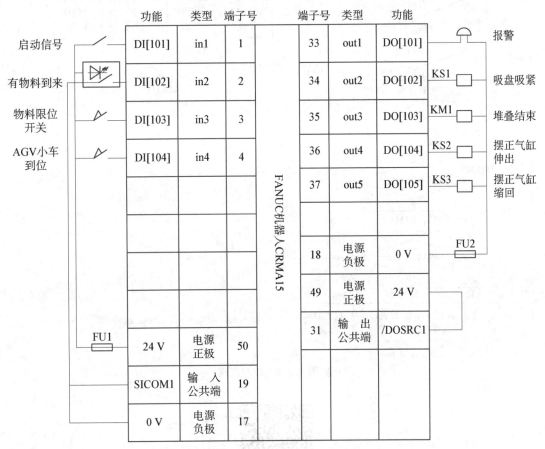

▲ 图 6.2.3　机器人 I/O 接线图

四、根据堆叠式样设计控制逻辑

在图 6.2.4 所示的流程图中，采用 R[1] 寄存器记录传送带传来的工件放在第一层还是第二层，即 R[1] 分两段。数值小于或等于 4 放第一层，大于 4、小于或等于 8 放第二层，分别根据数值的大小确定放到哪个点。在这种有顺序的分支结构中，可以采用单流程的程序结构，编程时用 IF 指令表达；也可以采用图 6.2.4 的选择性分支结构，编程时用 SELECT 指令表达。

若有分支，在原地等待的，可以用 WAIT 指令表达，也可以用 IF 指令表达；若没有原地等待的分支，都是跳转到远处的标号，则只能用 IF 指令表达。例如，有料到、工件到位、AGV 小车到位的判断性分支。

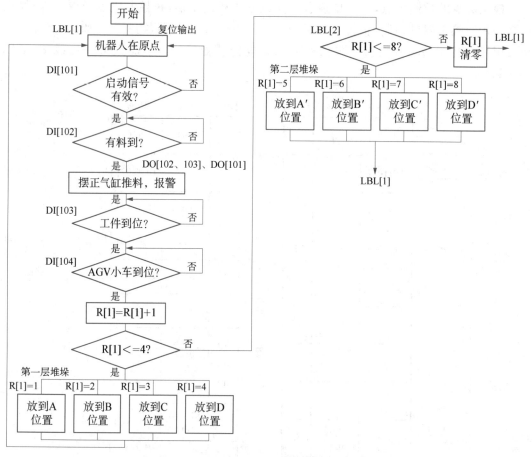

▲ 图 6.2.4 控制逻辑

示教器多画面显示（程序、R）

任务准备

若出现意外导致停机,可以采用预先设定的宏程序来临时处理,把工件放到图 6.2.5 所示的临时存放区。宏程序的创建跟普通程序一样,实质为若干指令放在一起执行的程序,可以是用示教器按键启动,也可以用机器人 I/O 信号启动。宏程序的建立过程如下:

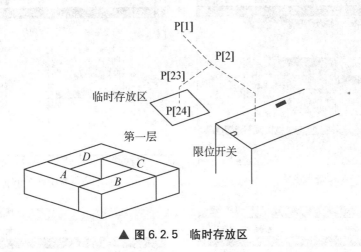

▲ 图 6.2.5 临时存放区

步骤一:建立码垛意外处理程序。按[SELECT]键→"创建"→在图 6.2.6(a)中输入程序名称"HONG"→[ENTER],进入图 6.2.6(b)所示界面,按图 6.2.5 情况编写功能程序。

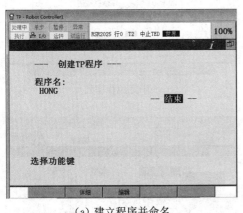

（a）建立程序并命名

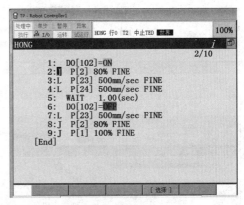

（b）功能程序

▲ 图 6.2.6 宏程序指令编写

步骤二:按[MENU]菜单键→"设置"(SETUP)→"宏"→进入图 6.2.7(b)的界面→将光标定位到"指令名称"中的其中一个空白行→按[ENTER]键进入图 6.2.7(c)所示界面。

步骤三:在图 6.2.7(c)中,输入程序名称"linshi001"→[ENTER]→把光标定位到此程序的"程序"列,如图 6.2.7(d)所示→"选择"→在跳出的"选择"框中选择步骤一建好的

"HONG"程序→[ENTER]。

步骤四：选择宏程序执行方式，如图 6.2.7(e)所示。在图 6.2.7(f)中，将光标定位到
"——"后按"选择"按钮→选择执行方式"SU"→[ENTER]→将光标定位到该程序的"分配"
列→输入"5"→[ENTER]，结果如图 6.2.7(g)所示。

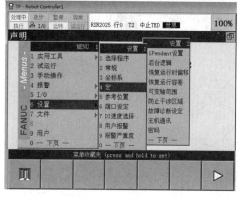

（a）进入路径

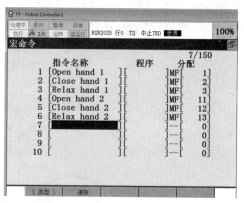

（b）宏程序进入界面

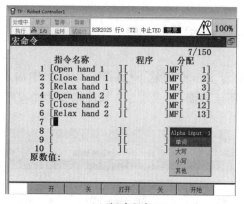

（c）新建程序

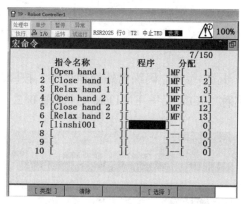

（d）定位程序列

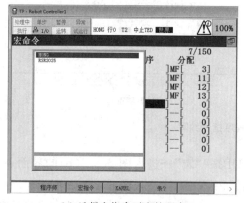

（e）选择宏指令对应的程序

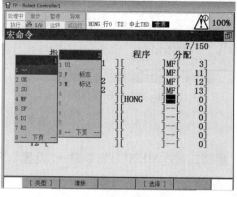

（f）选择执行方式

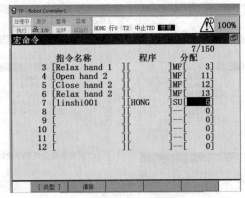

(g) 确定信号类型后选择信号序号

▲ 图6.2.7 宏程序设置过程

宏指令的执行方式有 6 种,但不是每一款机器人都包含这 6 种。UK、SU 方式在机器人出厂时已经定义,在如图 6.2.8 所示的示教器的键帽上会有标识。

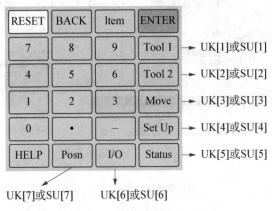

▲ 图6.2.8 UK、SU 键的位置

宏程序的 6 种启动方式如下,本任务采用方式三:

方式一,MF[1～99] 按[MENU]键→"手动操作"→在图 6.2.9(b)界面中,将光标定位到要执行的程序→[SHIFT]+"执行",启动要执行的宏程序。

方式二,UK[1～7] 在图 6.2.8 中,按相应的用户键启动。机器人出厂时,UK 键的位置已固定在相应键帽位置。

方式三,SU[1～7] 在图 6.2.8 中,[SHIFT]+相应的用户键启动。机器人出厂时,UK 键的位置已固定在相应键帽位置。

方式四,DI[1～9] 在图 6.2.10 中,输入 DI 信号启动,可以用示教器仿真启动。

方式五,RI[1～8] 在图 6.2.10 中,输入 RI 信号启动,可以用示教器仿真启动。

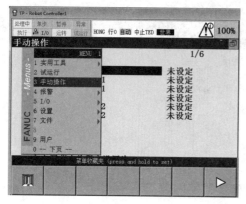

（a）进入路径 　　　　　　　　　　　　（b）选择执行程序

▲ 图 6.2.9　MF 执行方式

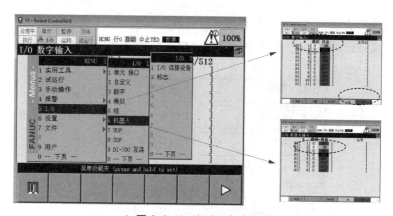

▲ 图 6.2.10　DI/RI 启动方式

方式六：作为普通程序　　进入宏程序"HONG"，按[SHIFT]＋[FWD]启动或采用外部信号实现自动启动。

 任务实施

根据 I/O 接线图和控制逻辑，机器人的码垛程序编写如下，程序名称为 RSR2025：

1：	UFRAME_NUM=1	指定使用用户坐标1
2：	UTOOL_NUM=1	指定使用工具坐标1
3：	OVERRIDE=30%	调试时限速30%，实际运行可以删除此行
4：	LBL[1]	
5：	DO[101]=OFF	初始化
6：	DO[102]=OFF	
7：	DO[103]=OFF	

8：　DO[104]=OFF

9：　DO[105]=OFF

10：　J P[1:HOME] 100% FINE　　　　　　　机器人原始点 HOME

11：　WAIT DI[101]=ON　　　　　　　　　　启动信号有效

12：　WAIT DI[102]=ON　　　　　　　　　　有料到

13：　DO[104]=ON　　　　　　　　　　　　摆正气缸伸出

14：　DO[101]=ON　　　　　　　　　　　　报警

15：　WAIT　1(sec)

16：　DO[104]=OFF　　　　　　　　　　　　摆正气缸缩回

17：　DO[105]=ON

18：　WAIT DI[103]=ON　　　　　　　　　　工件到位

19：　WAIT DI[104]=ON　　　　　　　　　　AGV 小车到位

20：　DO[101]=OFF　　　　　　　　　　　　关闭报警

21：　R[1]=R[1]+1

22：　IF R[1]>4,JMP LBL[2]　　　　　　　R[1]大于 4 则到第二层堆叠

23：　SELECT R[1]=1,JMP LBL[3]　　　　　第一层堆叠,放到 A 位置

24：　　　　　　=2,JMP LBL[4]　　　　　　放到 B 位置

25：　　　　　　=3,JMP LBL[5]　　　　　　放到 C 位置

26：　　　　　　=4,JMP LBL[6]　　　　　　放到 D 位置

27：　ELSE JMP LBL[1]　　　　　　　　　　跳转到标签1,返回原点

28：　LBL[2]

29：　SELECT R[1]=5,JMP LBL[7]　　　　　第二层堆叠,放到 A′位置

30：　　　　　　=6,JMP LBL[8]　　　　　　放到 B′位置

31：　　　　　　=7,JMP LBL[9]　　　　　　放到 C′位置

32：　　　　　　=8,JMP LBL[10]　　　　　放到 D′位置

33：　ELSE,JMP LBL[11]　　　　　　　　　否则 R[1]清零,返回原点

34：　LBL[11]

35：　R[1]=0

36：　JMP LBL[1]

37：　LBL[3]　　　　　　　　　　　　　　放 A 位置功能部分

38：　J P[2]80%　FINE　　　　　　　　　　运动到过渡点 P[2]

39：　L P[3] 600mm/sec FINE　　　　　　　运动到逼近点 P[3]

40：　L P[4] 600mm/sec FINE　　　　　　　运动到工作点 P[3]

41：　DO[102]=ON　　　　　　　　　　　　吸盘动作

42:	WAIT 1.00(sec)	
43:	L P[3] 600mm/sec FINE	返回逼近点 P[3]
44:	J P[2] 80% FINE	返回过渡点 P[2]
45:	J P[5] 80% FINE	运动到过渡点 P[5]
46:	L P[6] 600mm/sec FINE	运动到码垛准备点
47:	L P[7] 600mm/sec FINE	运动到 A 位置逼近点
48:	L P[8] 600mm/sec FINE	运动到 A 位置工作点
49:	WAIT 1.00(sec)	
50:	DO[102]=OFF	放下工件
51:	L P[7] 600mm/sec FINE	返回 A 位置逼近点
52:	L P[6] 600mm/sec FINE	返回到码垛准备点
53:	J P[5] 80% FINE	返回过渡点 P[5]
54:	J P[1] 80% FINE	返回原点
	END	

B、C、D、A'、B'、C'、D' 码垛位置的程序段与上述程序 38~55 行基本一致,只是标号、逼近点、工作点不同,读者可以根据表 6.2.2 编写这些位置的码垛程序。

表 6.2.2 仿照 38~55 行程序修改为 B、C、D、A'、B'、C'、D' 点程序

38~55 行程序	对应标号/点						
	B	C	D	A'	B'	C'	D'
38:LBL[3]	LBL[4]	LBL[5]	LBL[6]	LBL[7]	LBL[8]	LBL[9]	LBL[10]
48:LP[7]600 mm/sec FINE	P[9]	P[11]	P[13]	P[15]	P[17]	P[19]	P[21]
49:LP[8]600 mm/sec FINE	P[10]	P[12]	P[14]	P[16]	P[18]	P[20]	P[22]
52:LP[7]600 mm/sec FINE	P[9]	P[11]	P[13]	P[15]	P[17]	P[19]	P[21]

任务评价

完成本任务的操作后,根据考证考点,请你按表 6.2.3 检查自己是否学会了考证必须掌握的内容。

表 6.2.3 码垛示教编程任务评价

序号	鉴定评分标准	是/否	备注
1	能设置根据要求编写宏程序		
2	能设置宏程序的启动方式		
3	能梳理控制要求,规范绘制 I/O 接线图		
4	能用 SELECT 指令表达条件分支的程序		
5	能正确示教机器人完成每个工作点的码垛轨迹,并编程		

任务训练

1. 若物料来的速度比机器人搬运到 AGV 小车的速度快,控制逻辑要如何修改? 采用何种方法解决?

提示:机器人程序不再检测物料是否到达传感器。用信号关联的方法,设置 DI[i] 检测到有物料,则驱动 DO[i] 控制摆正气缸。

2. 解释图 6.2.6(b)的每一行程序编写的意义,为何第一行程序是"DO[102]=ON",让吸盘马上吸紧?

▶ 任务三 工业机器人码垛程序运行及优化

学习目标

1. 能根据工件尺寸特征,规划不同工件使用不同码垛子程序。
2. 合理规划程序逻辑,完成程序流程图的绘制。

任务描述

你负责的码垛机器人工作站改造后运行稳定,现要求加入对包装箱数量和 AGV 小车搬运次数的监控功能。随着产品多样化的要求,蓝星卫浴新开发的"水流发电 LED 淋浴头(型号:LY002)"已量产,在你负责完成改造的码垛工作站中,要求完成原淋浴头产品(型号:LY001)和新产品(型号:LY002)码垛。具体工作要求如下:

(1) 型号 LY001 的产品码垛层数与原来一样,型号 LY002 的产品码垛层数为 3 层。

(2) 型号 LY002 的产品箱子尺寸为长 52 cm、宽 36 cm、高 24 cm,采用传感器自动分辨箱子类型。

(3) 需要完成接线改造、程序逻辑规划、机器人程序示教运行。

(4) 备份原系统设置和程序到 U 盘,以便出现问题时能恢复系统。

任务分析

一、规划两款产品的位置布局

一个机器人完成两台 AGV 小车上的工件码垛,为节约空间布局,两个码垛区的布置如图 6.3.1 所示。LY001 产品的位置和定点与任务二图 6.2.2 一样。在图 6.3.1 的 LY002 定点中,用到的 P[1~14]点与图 6.2.2 的 P[1~14]点不完全相同,其中 P[1~3]拾取工件的路径中是相同的点,但 P[5]后标号的点虽然名称相同,但不是同一个点。

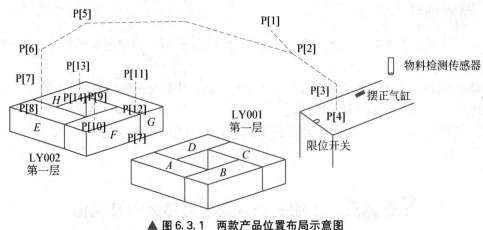

▲ 图 6.3.1 两款产品位置布局示意图

二、根据产品尺寸和堆叠式样规划机器人动作路径

(一)用偏移方法实现 LY001 产品定点方法优化

LY001 产品箱子尺寸为 60 cm×30 cm×32 cm,只堆叠两层。虽然每层的样式不一样,但可以找到图 6.3.2 所示的规律,第二层的工件可以看成第一层的偏移。具体信息为:

(1) A' 可以看成第一层工件 A 向+X 方向偏移了 300 mm 后,再向 Z 轴正方向偏移了 320 mm。

(2) B' 可以看成第一层工件 B 向+Y 方向偏移了 300 mm 后,再向 Z 轴正方向偏移了 320 mm。

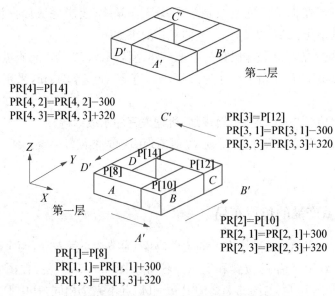

▲ 图 6.3.2 LY001 产品码垛路径分析

（3）C'可以看成第一层工件 C 向 $-X$ 方向偏移了 $300\ \text{mm}$ 后，再向 Z 轴正方向偏移了 $320\ \text{mm}$。

（4）D'可以看成第一层工件 D 向 $-Y$ 方向偏移了 $300\ \text{mm}$ 后，再向 Z 轴正方向偏移了 $320\ \text{mm}$。

在编程定点时，不须像任务一那样，示教机器人给每个工件的位置定一个逼近点和工作点，定点太多偏差的控制会变得困难。采用 PR 指令来表达移动方向和移动值的大小，可以实现准确的点偏移定位，大大减少示教定点的工作量。第二层完全不用示教定点，只要示教好第一层的就行。

（二）用偏移方法实现 LY002 产品定点分析

LY002 产品箱子尺寸为 $52\ \text{cm} \times 36\ \text{cm} \times 24\ \text{cm}$，码垛层数为 3 层，第一、二层的与 LY001 产品一样错层放置。第三层与第一层的式样一样，以增加与第二层错层的摩擦力。如图 6.3.3(a)所示，在示教了第一层的点后第二层的工件可以看成：

（1）E'可以看成第一层工件 E 向 $+X$ 方向偏移了 $360\ \text{mm}$ 后，再向 Z 轴正方向偏移了 $240\ \text{mm}$。

（2）F'可以看成第一层工件 F 向 $+Y$ 方向偏移了 $360\ \text{mm}$ 后，再向 Z 轴正方向偏移了 $240\ \text{mm}$。

（3）G'可以看成第一层工件 G 向 $-X$ 方向偏移了 $360\ \text{mm}$ 后，再向 Z 轴正方向偏移了 $240\ \text{mm}$。

（4）H'可以看成第一层工件 H 向 $-Y$ 方向偏移了 $360\ \text{mm}$ 后，再向 Z 轴正方向偏移了 $240\ \text{mm}$。

如图 6.3.3(b)所示，第三层可以看成每一个工件是第一层相应位置向 Z 轴正方向偏移了 $480\ \text{mm}$。

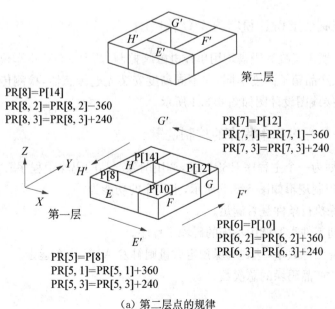

（a）第二层点的规律

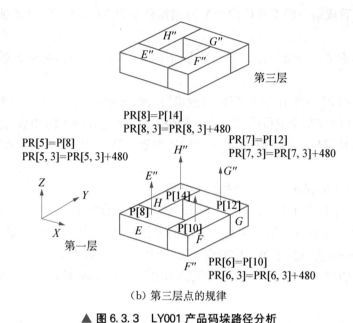

（b）第三层点的规律

▲ 图6.3.3　LY001 产品码垛路径分析

关键点 •

理解全局变量与局部变量

（1）采用子程序分别编写 LY001、LY002 的码垛功能，程序里相同的 P[i]名称，实为不同的点位置，因为 P[i]是局部变量。

（2）PR[i]是全局变量，因此两款产品用的偏移变量 PR[i]不能重复。

三、根据控制要求设计机器人 I/O 接线图

为简化控制，摆正气缸和吸盘均用单控电磁阀控制，两台 AGV 小车位置由各自行程开关检测，利用两款产品箱子高度不同，在不同高度安装光电传感器，检测传送来的是哪款产品。机器人 I/O 接线图设计图如图 6.3.4 所示。

四、规划各子程序和主程序的控制逻辑

程序总体规划为一个主程序 RSR2025，调用两款产品的码垛子程序 LY001、LY002。主程序和子程序的控制逻辑如图 6.3.5 所示，主程序的功能为：

（1）检测码垛执行条件是否满足。

（2）根据不同工件类型调用不同的码垛子程序。

（3）计算堆叠工件数量，达到码垛预定数量则触发 AGV 小车运走。

（4）计算各款产品码垛的总次数。

FOR 指令代替
SELECT 指令

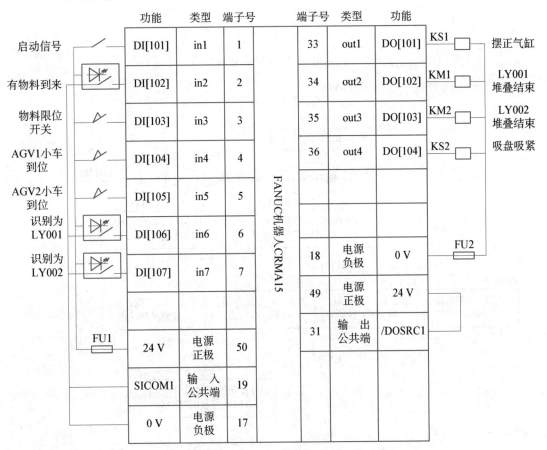

▲ 图 6.3.4　I/O 接线图

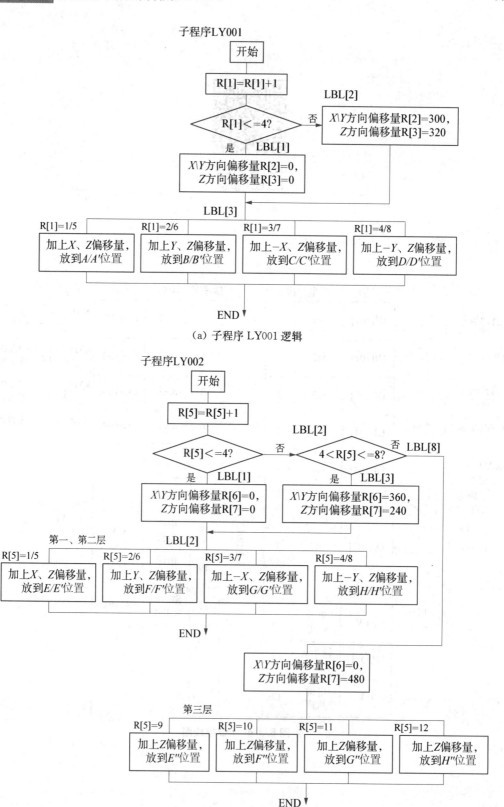

（a）子程序 LY001 逻辑

（b）子程序 LY002 逻辑

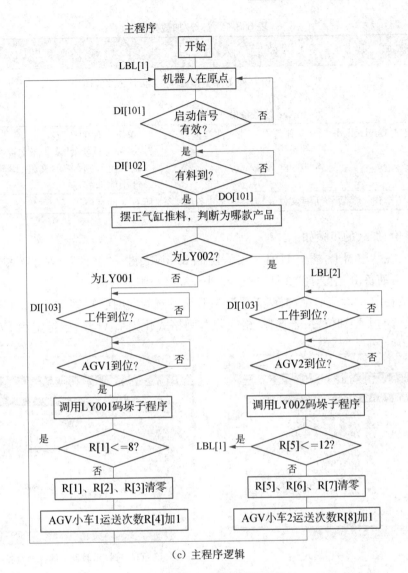

主程序

（c）主程序逻辑

▲ 图6.3.5 程序逻辑规划

任务准备

一、备份原系统文件

机器人备份和恢复的方法有3种，其区别见表6.3.1。本任务采用一般启动模式备份系统文件和程序文件。

可以存储备份文件的设备有 Memory Card 存储卡、U 盘、电脑。存储卡为 Flash ATA 存储卡或 SRAM 存储卡。U 盘插在控制柜的 USB 口上时为 UD1 设备，插在示教器的 USB 口上时为 UT1 设备。在本任务中，把 U 盘插在示教器上备份操作。

表 6.3.1 备份/加载方法

类型	备份时的操作	加载(还原)可以做的操作
一般模式	1. 单独备份一种文件类型或全部备份; 2. Image 镜像备份	单个文件的还原
控制启动模式 Controlled Start	1. 单独备份一种文件类型或全部备份; 2. Image 镜像备份	1. 单个文件的还原; 2. 一种文件类型或全部文件类型一起恢复(处于写保护的文件、编辑状态的文件不能加载)
Boot Monitor 模式	所有文件及应用系统的备份	所有文件及应用系统的恢复

文件备份/加载的步骤如下:

步骤一:在示教器上,插上 U 盘→按示教器[MUNE]键→"文件"→在子菜单"文件 文件存储器 自动备份"中选择"文件"→进入图 6.3.6(a)所示界面。

步骤二:在图 6.3.6(a)中选择"工具"按钮,然后选择"切换设备",如图 6.3.6(b)所示,选择存储设备的类型和位置:若选择"格式化",则格式化当前 U 盘;若指定用 FAT32 格式

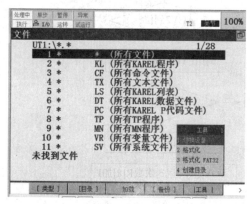

（a）进入一般模式

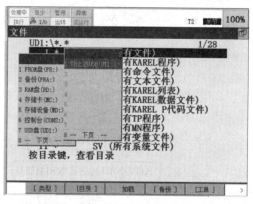

（b）选择示教器上的存储设备

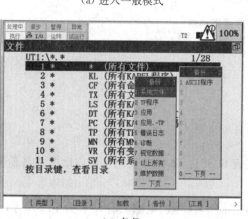

（c）备份

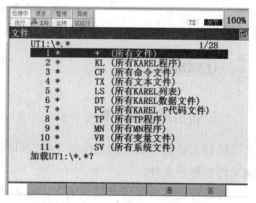

（d）加载

▲ 图 6.3.6 一般模式下的操作

格式化,可以选择"格式化FAT32";若选择"创建目录",则在当前存储器根目录下创新文件夹。但是,备份/加载不一定要格式化。

步骤三:如图6.3.6(c)所示,进入UT1目录后,选择"备份"按钮,可以指定一种文件备份。若要恢复则选择"加载"按钮,如图6.3.6(d)所示,选定要加载的文件类型,点击"是"按钮即可。

二、编写子程序

(一)编写运动到码垛准备点的子程序,为LY001、LY002子程序编写做准备

LY001、LY002的码垛准备子程序指令行完全相同,不同在于P[2~6]点的数值不同。LY001的码垛子程序命名为ZB001,LY002的码垛子程序命名为ZB002。程序行如下:

```
1:   J P[1:HOME] 100% FINE        机器人原始点HOME
2:   J P[2] 80%   FINE            运动到过渡点P[2]
3:   L P[3] 600mm/sec FINE        运动到逼近点P[3]
4:   L P[4]600mm/sec FINE         运动到工作点P[3]
5:   DO[104]=ON                   吸盘动作
6:   WAIT  1.00(sec)
7:   L P[3] 600mm/sec FINE        返回逼近点P[3]
8:   J P[2] 80%   FINE            返回过渡点P[2]
9:   J P[5] 80%   FINE            运动到过渡点P[5]
10:  L P[6] 600mm/sec FINE        运动到码垛准备点
     END
```

(二)编写子程序LY001

第一层的定点与图6.2.2相同。

```
1:   UFRAME_NUM=1          指定使用用户坐标1
2:   UTOOL_NUM=1           指定使用工具坐标1
3:   OVERRIDE=30%          调试时限速30%,实际运行可以删除此行
4:   R[1]=R[1]+1
5:   IF R[1]<=4,JMP LBL[1]
6:   R[2]=300
7:   R[3]=320
8:   JMP LBL[3]
9:   LBL[1]
10:  R[2]=0
11:  R[3]=0
12:  LBL[3]
```

```
13： SELECT R[1]=1,JMP LBL[4]        放 A 位置
14：        =5,JMP LBL[4]            放 A′位置
15：        =2,JMP LBL[5]            放 B 位置
16：        =6,JMP LBL[5]            放 B′位置
17：        =3,JMP LBL[6]            放 C 位置
18：        =7,JMP LBL[6]            放 C′位置
19：        ELSE,JMP LBL[7]          放 D/D′位置

20： LBL[4]                          放 A 和 A′位置功能部分
21： CALL ZB001                      调用运动到码垛准备点的子程序
22： PR[1]=P[8]
23： PR[1,1]=PR[1,1]+R[2]
24： PR[1,3]=PR[1,3]+R[3]
25： L P[8] 600mm/sec FINE OFFSET,PR[1]  运动到 A/A′位置工作点
26： WAIT  1.00(sec)
27： DO[104]=OFF                     放下工件
28： L P[6] 600mm/sec FINE           返回到码垛准备点
29： J P[5] 80%  FINE                返回过渡点 P[5]
30： J P[1] 80%  FINE                返回原点
31： END

32： LBL[5]                          放 B 和 B′位置功能部分
33： CALL ZB001                      调用运动到码垛准备点的子程序
34： PR[2]=P[10]
35： PR[2,2]=PR[2,2]+R[2]
36： PR[2,3]=PR[2,3]+R[3]
37： L P[10] 600mm/sec FINE OFFSET,PR[2]  运动到 B/B′位置工作点
38： WAIT  1.00(sec)
39： DO[104]=OFF                     放下工件
40： L P[6] 600mm/sec FINE           返回到码垛准备点
41： J P[5] 80%  FINE                返回过渡点 P[5]
42： J P[1] 80%  FINE                返回原点
43： END

44： LBL[6]                          放 C 和 C′位置功能部分
45： CALL ZB001                      调用运动到码垛准备点的子程序
```

46：	PR[3]=P[12]	
47：	PR[3,1]=PR[3,1]−R[2]	
48：	PR[3,3]=PR[3,3]+R[3]	
49：	L P[12] 600mm/sec FINE OFFSET,PR[3]	运动到 C/C' 位置工作点
50：	WAIT 1.00(sec)	
51：	DO[104]=OFF	放下工件
52：	L P[6] 600mm/sec FINE	返回到码垛准备点
53：	J P[5] 80％ FINE	返回过渡点 P[5]
54：	J P[1] 80％ FINE	返回原点
55：	END	
56：	LBL[7]	放 D 和 D' 位置功能部分
57：	CALL ZB001	调用运动到码垛准备点的子程序
58：	PR[4]=P[14]	
59：	PR[4,2]=PR[4,2]−R[2]	
60：	PR[4,3]=PR[4,3]+R[3]	
61：	L P[14] 600mm/sec FINE OFFSET,PR[4]	运动到 D/D' 位置工作点
62：	WAIT 1.00(sec)	
63：	DO[104]=OFF	放下工件
64：	L P[6] 600mm/sec FINE	返回到码垛准备点
65：	J P[5] 80％ FINE	返回过渡点 P[5]
66：	J P[1] 80％ FINE	返回原点
67：	END	

（三）编写子程序 LY002

1：	UFRAME_NUM=1	指定使用用户坐标1
2：	UTOOL_NUM=1	指定使用工具坐标1
3：	OVERRIDE=30％	调试时限速30％，实际运行可以删除此行
4：	R[5]=R[5]+1	
5：	IF R[5]<=4,JMP LBL[1]	到 LBL[1]屏蔽偏移运算
6：	IF R[5]>4 AND R[5]<=8,JMP LBL[3]	到 LBL[3]执行偏移运算
7：	JMP LBL[8]	到 LBL[8]处理第三层堆叠
8：	LBL[3]	
9：	R[6]=360	
10：	R[7]=240	

```
11： JMP LBL[2]                               到 LBL[2]处理第二层堆叠
12： LBL[1]
13： R[6]=0
14： R[7]=0
15： LBL[2]                                   处理第二层堆叠
16： SELECT R[5]=1,JMP LBL[4]                 放 E 位置
17：       =5,JMP LBL[4]                       放 E′位置
18：       =2,JMP LBL[5]                       放 F 位置
19：       =6,JMP LBL[5]                       放 F′位置
20：       =3,JMP LBL[6]                       放 G 位置
21：       =7,JMP LBL[6]                       放 G′位置
22：       ELSE,JMP LBL[7]                     放 H/H′位置

23： LBL[4]                                   放 E 和 E′位置功能部分
24： CALL ZB002                               调用运动到码垛准备点的子程序
25： PR[5]=P[8]
26： PR[5,1]=PR[5,1]+R[6]
27： PR[5,3]=PR[5,3]+R[7]
28： L P[8] 600mm/sec FINE OFFSET,PR[5]       运动到 E/E′位置工作点
29： WAIT  1.00(sec)
30： DO[104]=OFF                              放下工件
31： L P[6] 600mm/sec FINE                    返回到码垛准备点
32： J P[5] 80%  FINE                         返回过渡点 P[5]
33： J P[1] 80%  FINE                         返回原点
34： END

35： LBL[5]                                   放 F 和 F′位置功能部分
36： CALL ZB002                               调用运动到码垛准备点的子程序
37： PR[6]=P[10]
38： PR[6,2]=PR[6,2]+R[6]
39： PR[6,3]=PR[6,3]+R[7]
40： L P[10] 600mm/sec FINE OFFSET,PR[6]      运动到 F/F′位置工作点
41： WAIT  1.00(sec)
42： DO[104]=OFF                              放下工件
43： L P[6] 600mm/sec FINE                    返回到码垛准备点
44： J P[5] 80%  FINE                         返回过渡点 P[5]
```

45：	J P[1] 80％ FINE	返回原点
46：	END	
47：	LBL[6]	放 G 和 G' 位置功能部分
48：	CALL ZB002	调用运动到码垛准备点的子程序
49：	PR[7]＝P[12]	
50：	PR[7,1]＝PR[7,1]－R[6]	
51：	PR[7,3]＝PR[7,3]＋R[7]	
52：	L P[12] 600mm/sec FINE OFFSET,PR[7]	运动到 G/G' 位置工作点
53：	WAIT 1.00(sec)	
54：	DO[104]＝OFF	放下工件
55：	L P[6] 600mm/sec FINE	返回到码垛准备点
56：	J P[5] 80％ FINE	返回过渡点 P[5]
57：	J P[1] 80％ FINE	返回原点
58：	END	
59：	LBL[7]	放 H 和 H' 位置功能部分
60：	CALL ZB002	调用运动到码垛准备点的子程序
61：	PR[8]＝P[14]	
62：	PR[8,2]＝PR[8,2]－R[6]	
63：	PR[8,3]＝PR[8,3]＋R[7]	
64：	L P[14] 600mm/sec FINE OFFSET,PR[14]	运动到 H/H' 位置工作点
65：	WAIT 1.00(sec)	
66：	DO[104]＝OFF	放下工件
67：	L P[6] 600mm/sec FINE	返回到码垛准备点
68：	J P[5] 80％ FINE	返回过渡点 P[5]
69：	J P[1] 80％ FINE	返回原点
70：	END	
71：	LBL[8]	处理第三层的堆叠
72：	R[6]＝0	
73：	R[7]＝480	
74：	SELECT R[5]＝9,JMP LBL[4]	放 E'' 位置
75：	＝10,JMP LBL[5]	放 F'' 位置
76：	＝11,JMP LBL[6]	放 G'' 位置
77：	ELSE,JMP LBL[7]	放 H'' 位置
	END	

任务实施

根据控制逻辑规划、I/O 接线图和已经编写的子程序,编写主程序如下,程序名称为 RSR2025:

```
1:     UFRAME_NUM=1              指定使用用户坐标 1
2:     UTOOL_NUM=1               指定使用工具坐标 1
3:     OVERRIDE=30%             调试时限速 30%,实际运行可以删除此行
4:     LBL[1]
5:     DO[101]=OFF               初始化
6:     DO[102]=OFF
7:     DO[103]=OFF
8:     DO[104]=OFF
9:     J P[1:HOME] 100% FINE     机器人原始点 HOME
10:    WAIT DI[101]=ON           启动信号有效
11:    WAIT DI[102]=ON           有料到
12:    DO[104]=ON               摆正气缸伸出
13:    WAIT  1(sec)
14:    DO[104]=OFF              摆正气缸缩回
15:    IF DI[107]=ON,LBL[2]      判断为 LY002 产品
16:    WAIT DI[103]=ON           工件到位
17:    WAIT DI[104]=ON           AGV1 小车到位
18:    CALL LY001               处理 LY001 型号的码垛
19:    IF R[1]<=8,JMP LBL[1]
20:    R[1]=0
21:    R[2]=0
22:    R[3]=0
23:    R[4]=R[4]+1
24:    DO[102]=ON               AGV1 运送一次完成的码垛
25:    JMP LBL[1]
26:    LBL[2]                   处理 LY002 型号的码垛
27:    WAIT DI[103]=ON
28:    WAIT DI[105]=ON
29:    CALL LY002
30:    IF R[5]<=12,JMP LBL[1]
31:    R[5]=0
32:    R[6]=0
```

33： R[7]＝0
34： DO[103]＝ON   AGV2 运送一次完成的码垛
35： R[8]＝R[8]＋1
36： JMP LBL[1]
    END

 任务评价

完成本任务的操作后,根据考证考点,请按表 6.3.2 检查自己是否学会了考证必须掌握的内容。

表 6.3.2　码垛程序优化任务评价表

序号	鉴定评分标准	是/否	备注
1	能对系统进行备份、恢复		
2	能使用 PR 指令、OFFSET 指令,实现码垛点轨迹偏移运算		
3	能将程序划分为不同模块,用子程序实现结构化编程		
4	能观察任务特点,用流程图这一工程语言表达程序设计技巧		

 任务训练

1. 把 U 盘插在控制柜的 USB 口上,备份控制系统。

2. 若产品 LY001 的堆叠层数跟产品 LY002 一样都是 3 层,控制逻辑图和程序应如何修改?

任务四　工业机器人专用码垛指令在编程中的应用

 学习目标

1. 学习专用码垛指令的堆叠编程方法。
2. 训练梳理复杂知识结构的能力。

 任务描述

一些大型的机器人品牌开发了专门的应用软件包。蓝星公司为提高生产智能化水平,全面"机器换人",率先在所有码垛岗位上应用机器人改造。为提高改造的效率,保障日后程序的可移植性,公司专门购买了码垛软件包,安装在机器人控制系统内。作为淋浴头码垛工作站的改造负责人,生产技术部派你采用码垛软件包升级改造原码垛工作站,在保障原来功能的基础上,减少程序行。先完成型号为 LY001 的产品码垛,堆叠层数与原来一样为 2 层,堆叠式样与图 6.2.1 一样。为普及码垛包的应用,你升级改造完成后,在生产技术部开展一次码垛指令应用的培训,请在改造过程中积累各项技术资料。

任务分析

码垛指令可以大大缩短指令行数,因为码垛指令参数的设置过程已明确了机器人码垛的运动路径。但其示教过程步骤复杂,有一定程序基础的工程人员才能理解示教过程各参数的意义。下面由浅入深,结合任务要求,逐步剖析 FANUC 机器人码垛指令的使用方法。

一、码垛项目涉及的要点

要定义一个码垛任务,就需要将堆叠模式、堆叠路径描述清楚。如图 6.4.1 所示,堆叠模式包含堆上/堆下、堆叠顺序(行列层)、每层增加数等,堆叠路径包含接近点、堆叠点(堆上点/堆积点)、回退点、每列选择的路线模式等。

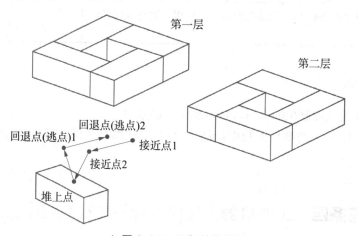

▲ 图 6.4.1　码垛结构举例

二、分析各类码垛的特点

FANUC 机器人将码垛的类型分为 B、BX、E、EX 四种。

1. 码垛 B

B 类型包括码垛 B(单路径模式)和码垛 BX(多路径模式),适用于工件姿态统一、堆叠时底面形状为直线或四角形的规则形状,如图 6.4.2 所示。

四角形　　工件姿势一定

▲图6.4.2　码垛B

2. 码垛堆积E

E类型包括码垛E(单路径模式)和码垛EX(多路径模式),用于更为复杂的堆叠式样的情形,如图6.4.3所示,可用于希望改变工件的姿势、堆叠时的底面形状不是平行四边形的情形。

非四角形　　工件姿势变化

▲图6.4.3　码垛E

3. BX与EX的区别

BX、EX码垛模式都可以设定多个线路点,但码垛堆积B、E只能设定一个线路点。如图6.4.4所示,设定多个路径点时,机器人运动的方向可以多样化。

路径模式1　　　　路径模式2

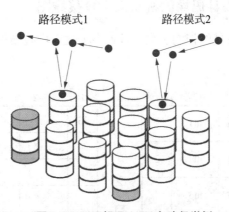

▲图6.4.4　码垛BX、EX多路径举例

三、分析专用码垛指令的使用要素

1. 码垛指令

码垛指令是基于码垛寄存器的值执行的,根据堆叠模式计算当前堆叠点的位置,并根据路径模式计算当前的路径,改写码垛动作指令的位置数据。码垛指令格式为

PALLETIZING-[模式]_i

[模式]为 B　BX、E、EX，i 为码垛编号（1～16）。

2. 码垛动作指令

码垛动作指令使用具有接近点、堆叠点、回退点的路径点，作为位置数据的动作指令，是码垛专用的动作指令。该位置数据通过码垛指令，每次都被改写，指令格式为

```
J PAL_i[A_1]100% FINE
```

i 为码垛编号（1～16），[A_1]为路径点。A_n 为趋近点 $n=1-8$，BTM 为堆叠点，R_n 为趋近点 $n=1-8$。

3. 码垛结束指令

码垛结束指令用于计算下一个堆叠点，改写码垛寄存器的值。指令格式为

```
PALLETIZING-END-i
```

其中，i 为码垛编号（1～16）。

4. 码垛寄存器

码垛寄存器制定某行、某列、某层的具体工件，用于堆叠点的指定、比较、分支等。指令格式为

```
PL[i]=[i,j,k]
```

其中，[i]为码垛寄存器编号（1～32），[i,j,k]为 i=行，j=列，k=层。

四、根据控制要求设计码垛的机器人 I/O 接线图

在本任务中，只针对夹具的控制和向 AGV 小车发送堆叠结束信号，机器人 I/O 图规划如图 6.4.5 所示。

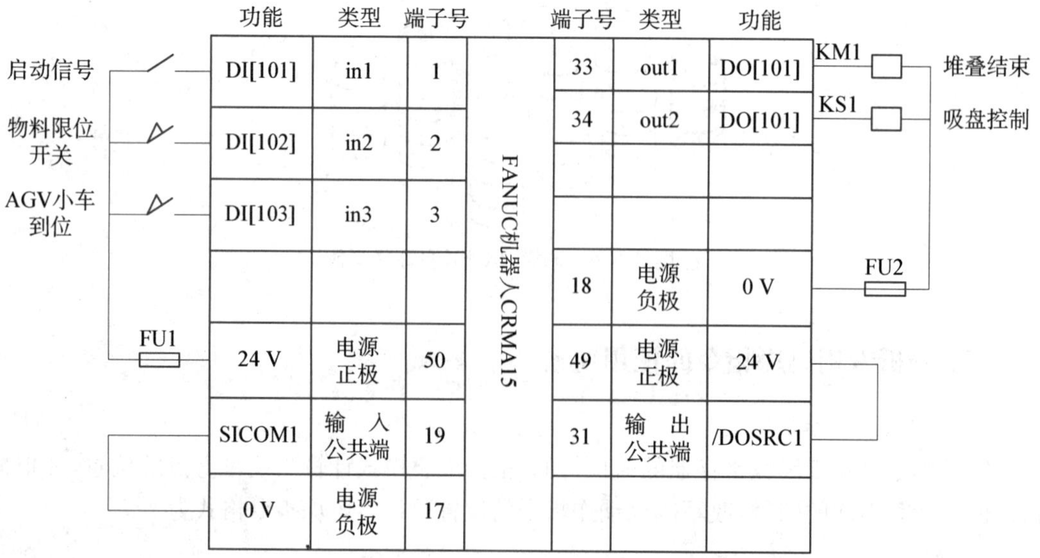
功能
类型
端子号
端子号
类型
功能
启动信号
物料限位开关
AGV小车到位
DI[101]
in1
1
DI[102]
in2
2
DI[103]
in3
3
FU1
24 V
电源正极
50
SICOM1
输 入公共端
19
0 V
电源负极
17
FANUC机器人CRMA15
33
out1
DO[101]
34
out2
DO[101]
18
电源负极
0 V
49
电源正极
24 V
31
输 出公共端
/DOSRC1
KM1
KS1
FU2
堆叠结束
吸盘控制

▲ 图 6.4.5　机器人 I/O 接线图

五、结合码垛指令要素设计控制逻辑

码垛指令每执行一次,自动跳转到下一个〔行　列　层〕点。在本任务中,机器人要搬 8 次工件到 AGV 小车码垛,因此要执行 8 次码垛指令。动作轨迹点规划,如图 6.4.6 所示。

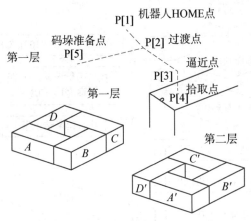

▲ 图 6.4.6　动作轨迹规划

在程序逻辑和编写的程序行中,单纯在指令中是看不出码垛指令的执行次数的。示教 码垛程序的过程已经设定了码垛指令执行的次数,机器人系统在运算〔行　列　层〕的堆叠 点时,已运算出码垛一次总共要堆叠多少个工件。控制逻辑如图 6.4.7 所示,用 R[1]寄存 器记录是否堆叠了两层。若堆叠结束就向 AGV 小车发送结束信号,让 AGV 小车运走码垛 后的工件。

 任务准备

为了编程时能使用码垛指令,首先要在码垛指令中输入工件的行、列、层,告诉机器人堆 叠路径的模式,有多少个接近点、回退点等。两层工件的堆叠按图 6.2.1 的方式,为了明确 每一个工件的位置和路径,把每个工件当不规则的码垛来处理,因此每个工件设置一个堆叠 路径(共 8 个),每个路径包含一个堆叠点、两个接近点、两个回退点。示教过程如下:

步骤一:在程序编写界面中,按指令键→选择"码垛"→在图 6.4.8(b)中选择"EX 码垛 方式"→进入图 6.4.8(c)所示界面。

步骤二:如图 6.4.8(c)所示,做以下设置:

(1) 输入注释。

(2) 行列层设为 2(即堆叠 2 行 2 列 2 层)。

(3) 路径式样共 8 条。

(4) 接近点和回退点定义两个(由于工件有横放、竖放,多个接近点和回退点让机器人 不因姿态变化太大而报警)。

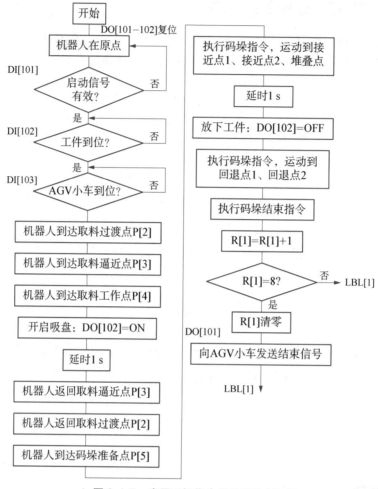

▲ 图 6.4.7　应用码垛指令堆叠的控制逻辑

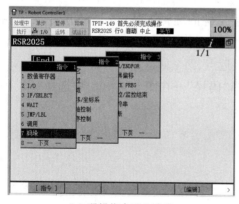

（a）码垛指令进入路径

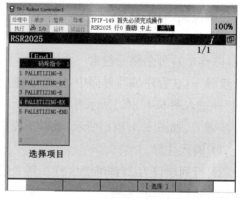

（b）选择 EX

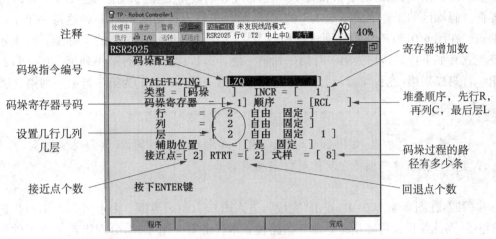

注释

码垛指令编号

码垛寄存器号码

设置几行几列几层

接近点个数

寄存器增加数

堆叠顺序，先行R，再列C，最后层L

码垛过程的路径有多少条

回退点个数

（c）码垛参数设置

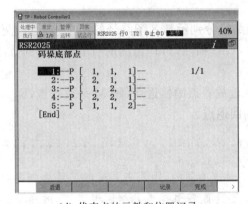

（d）代表点的示教和位置记录

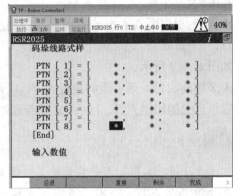

（e）堆叠路径设置

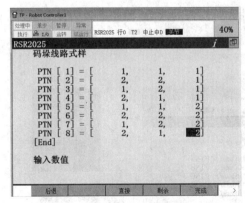

（f）路径参考设置

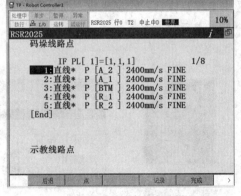

（g）开始设置8条路径式样

▲图6.4.8　码垛指令生成过程基本设置

（5）设置辅助位置。

（6）堆叠运算时，先行后列再层：RCL。

步骤三:计算码垛区的形状和大小。在图6.4.8(c)中点击"完成",进入图6.4.8(d)所示界面。码垛区的工件堆成图6.4.1的式样,示教机器人按图6.4.8(d)到达每一个工件的吸取点。在图6.4.8(d)所示界面,按[SHIFT]+"记录",记录每个点的坐标值。要求示教的各点意义如下:[1,1,1]为第一行第一列第一层,[2,1,1]为第二行第一列第一层,[1,2,1]为第一行第二列第一层,[2,2,1]为第二行第二列第一层,[1,1,2]为第一行第一列第二层。

技巧

先示教同一层的点,如图6.4.5所示,由于A和C方向相同,B和D方向相同,示教完A点用世界坐标将机器人示教到C点相对容易。

步骤四:在图6.4.8(d)中,点击"完成",进入图6.4.8(e)界面。由于图6.4.8(c)指定了8条路径,因此此界面需要指定是哪8条路径。本任务有8个工件,分别指定8个工件的位置即可,指定设置如图6.4.8(f)所示。按"完成"按钮,进入图6.4.8(g)所示界面,设置第一个路径模式。

步骤五:根据图6.4.8(c)的要求,以预定的路径分别示教8条路径的两个接近点、两个回退点、一个放置点,记录每个点的位置。以[1,1,1]和[2,1,1]为例说明示教路径的方法,具体如图6.4.9所示。

A_2指离放置点远一点的接近点,A_1指靠近放置点的接近点,BTM是放置点,R_1指离放置点近处的回退点,R_2指放置点远处的回退点。

关键点

[1,1,1]和[2,1,1]两个位置的工件摆放方向是不同的,因此夹具吸取工件的方向也不同,如图6.4.9所示。在示教路径式样时需要设置多个接近点和回退点,目的在于调整机器人夹具的姿态,让机器人夹具姿态可以缓慢变化。规则放置的路径式样可以只设置一个接近点和一个回退点。但本项目的工件为不规则的放置,因此定义的接近点和一个回退点至少两个。

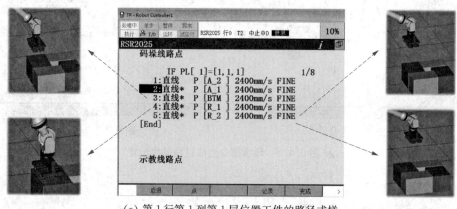

(a)第1行第1列第1层位置工件的路径式样

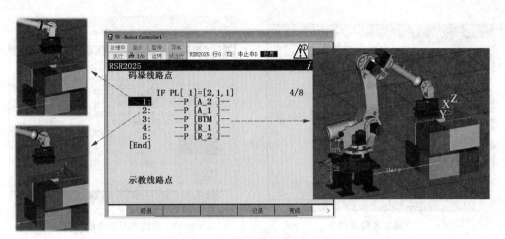

（b）第1行第1列第1层位置工件的路径式样

▲ 图6.4.9　示教路径式样

注意 ••

　　示教时是在世界坐标下的，记录要用"直线"；示教时在关节坐标下的，记录要用"关节"。否则世界坐标下示教，用关节坐标记录，码垛指令运行时会出现图6.4.10的报警。

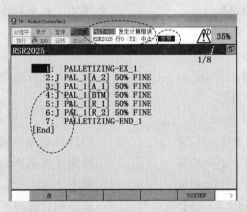

▲ 图6.4.10　坐标与指令不统一导致的报错

　　步骤六：试运行。在示教完步骤五的8个路径式样后，点击图6.4.9右下角的"完成"按钮，自动生成码垛指令，如图6.4.11（a）所示。将光标定位到第一行程序→［SHIFT］＋［FWD］运行程序。执行完一次会停止，重新执行［SHIFT］＋［FWD］会见到机器人在不同位置点的码垛轨迹。要查看正在执行的码垛位置点，可以将光标定位到图6.4.11（b）所示的"EX_1"位置，按"列表"按钮查看；运行时若报警停止运行，可以按图6.4.11（b）所示的"修改"按钮，

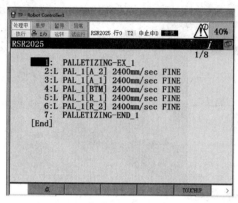

（a）自动生成码垛指令

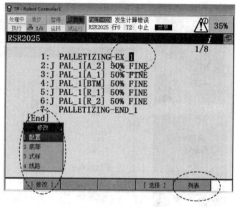

（b）修改码垛指令的入口

▲ 图 6.4.11　码垛指令调试

重新设置图 6.4.8(c)中的参数，重新示教堆叠形状（底部）、堆叠式样、堆叠路径模式（线路）。

步骤七：根据控制逻辑，在图 6.4.11(a)中进一步完善程序。

任务实施

根据控制逻辑和 I/O 接线图，在设置好码垛指令的基础上，码垛程序编写如下，程序名称 RSR2025：

1：	UTOOL_NUM=1	采用工具坐标1
2：	UFRAME_NUM=1	采用用户坐标1
3：	LBL[1]	
4：	J P[1] 100% FINE	机器人在原始点
5：	DO[101]=OFF	初始化
6：	DO[102]=OFF	
7：	WAIT　DI[101]=ON	等待启动命令输入
8：	WAIT　DI[102]=ON	检测工件是否到位
9：	WAIT　DI[103]=ON	检测 AGV 小车是否到位
10：	J P[2] 500mm/sec FINE	运动到过渡点
11：	L P[3] 500mm/sec FINE	运动到逼近点
12：	L P[4] 500mm/sec FINE	运动到拾取点
13：	DO[102]=ON	打开吸盘，吸取工件
14：	WAIT 1.00(sec)	延时缓冲
15：	L P[3] 500mm/sec FINE	返回逼近点
16：	J P[2] 500mm/sec FINE	
17：	J P[5] 500mm/sec FINE	运动到码垛准备点

```
18:    PALLETIZING-EX_1
19:    J  PAL_1[A_1] 30% FINE              运动到第1个接近点
20:    L  PAL_1[A_2] 700mm/sec   FINE       运动到第2个接近点
21:    L  PAL_1[BTM] 700mm/sec   FINE       运动到堆叠点
22:    WAIT 1.00(sec)                       延时缓冲
23:    DO[102]=OFF                          放下工件
24:    L  PAL_1[R_1] 700mm/sec   FINE       运动到第1个回退点
25:    J  PAL_1[R_2] 50% FINE               运动到第2个回退点
26:    PALLETIZING-END_1                    一次码垛任务结束,自动修改码垛
                                            寄存器的值,自动
27:                                         按行列层顺序执行下一个码垛任务
28:    R[1]=R[1]+1
29:    IF R[1]=8,JMP LBL[2]
30:    JMP LBL[1]
31:    LBL[2]
32:    R[1]=0
33:    DO[101]=ON
34:    JMP LBL[1]                           机器人运动回原始点
       END
```

注意

(1) 要提高码垛的动作精度,需要正确设定 TCP。

(2) 码垛寄存器编号要唯一,应避免其他码垛同时使用相同编号。

(3) 码垛功能只能成组出现,即码垛指令、码垛动作指令、码垛结束指令存于同一个程序而发挥作用,只将一个指令复制到子程序中示教,该功能不会正常工作。

(4) 在示教完码垛的数据后,码垛编号会随同码垛指令、码垛动作指令、码垛结束指令一起自动写入,不需要在意别的程序中是否重复使用码垛编号。码垛编号相同,则每个程序都具有该码垛编号的数据。

(5) 在码垛动作指令中,不使用 C 指令(圆弧运动)。

任务评价

完成本任务的操作后,根据考证考点,请你按表6.4.1检查自己是否学会了考证必须掌握的内容。

表 6.4.1　码垛专用指令示教编程评价表

序号	鉴定评分标准	是/否	备注
1	能熟练运用码垛指令进行编程		
2	能根据任务要求确定堆叠路径的数量并示教各条堆叠路径		
3	能使用 B、BX、E、EX 码垛模式进行码垛定点		
4	能设计码垛程序控制逻辑，根据逻辑图编程		

 任务训练

若按图 6.4.6 的方式堆叠后，AGV 小车将工件运送到仓储，用货架单独存放，不堆叠；机器人将 AGV 小车运来的工件拆垛入库。请你根据示教器拆垛的参数要求，示教机器人完成拆垛编程。

参考文献

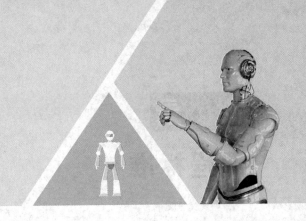

[1] 智造云科技. 工业机器人应用技术入门[M]. 北京：机械工业出版社，2018.

[2] 李艳晴，林燕文. 工业机器人现场编程（FANUC）[M]. 北京：人民邮电出版社，2018.

[3] 李志谦. 精通 FANUC 机器人编程、维护与外围集成[M]. 北京：机械工业出版社，2019.

附 录
课程标准

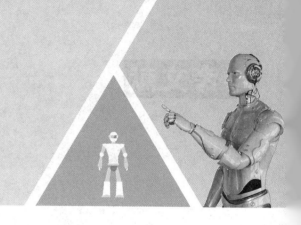

一、课程名称

工业机器人操作与编程

二、适用专业

工业机器人技术应用、工业机器人应用与编程

三、学时与学分

120 学时,6 学分

四、课程性质

本课程是职业院校工业机器人技术应用专业的专业核心课程,是从事工业机器人及应用系统操作、编程、安装与调试、运行与维护、工业机器人售前售后支持等工作必须学习的课程,是后续专业方向课程的核心基础。

五、课程目标

通过本课程的学习,能完成工业机器人作业前的环境准备和安全检查、工业机器人参数设置、工业机器人坐标系设置、工业机器人手动操作、工业机器人试运行、工业机器人系统备份与恢复、工业机器人基础示教编程、简单外围设备控制示教器编程、工业机器人绘图、搬运、码垛、涂胶等应用系统编程等典型工作任务,达到以下具体目标。

（一）素质目标

1. 具有社会责任感和社会参与意识；

2. 具有良好的职业道德和职业素养；

3. 具有与他人合作、沟通能力,团队协作精神；

4. 具有自我学习的能力；

5. 具有质量意识、环保意识、安全意识。

（二）知识目标

1. 认识工业机器人的基本组成、工具快换装置及工具；

2. 了解工业机器人应用编程人员常用安全护具及使用方法；

3. 了解工业机器人示教盒的结构、功能、基本环境参数及预定义键的功能和使用方法；

4. 了解工业机器人语言、程序结构及程序数据；

5. 了解工业机器人工具坐标系、工件坐标系的基本概念；

6. 了解工业机器人 I/O 设置及参数设置；

7. 了解传感器、变频器、步进电机、伺服电机的控制原理及调试方法；

8. 掌握工业机器人工具坐标系、工件坐标系的使用与标定方法；

9. 掌握工业机器人系统备份与恢复方法、程序导出与加载方法；

10. 掌握工业机器人基本运动指令、置位指令、复位指令、等待指令、位置偏移指令、循环指令、选择指令、逻辑判断指令、计时指令、无条件跳转指令等指令的功能及使用方法。

（三）能力目标

1. 能对工业机器人作业环境进行规划和整理；

2. 能遵守通用安全规范，实施工业机器人启动、停止作业；

3. 能识别工业机器人本体安全姿态、开关机的安全状态，判断周边环境安全；

4. 能根据工况操作工业机器人紧急停止；

5. 能通过示教器或控制柜设定工业机器人手动、自动运行模式；

6. 能设定运行速度、语言界面、系统时间、用户权限、校准等参数；

7. 能够根据工作任务要求设置数字量 I/O、模拟量 I/O 等扩展模块参数；

8. 能够根据用户需求配置示教盒预定义键；

9. 能使用示教盒对工业机器人进行单轴、线性、重定位等手动操作；

10. 能合理选择和调用世界坐标、基坐标、用户（工件）坐标、工具坐标；

11. 能创建工具坐标系，使用四点法、六点法等方法标定工具坐标系；

12. 能创建用户（工件）坐标系，使用三点法标定用户（工件）坐标系；

13. 能准确搭建工业机器人应用工作站、合理选择和使用末端操作器；

14. 能合理加载工业机器人程序，并实施单步、连续运行工业机器人程序；

15. 能根据运行结果，调整工业机器人位置、姿态、速度等程序参数；

16. 能备份、恢复工业机器人系统程序、参数；

17. 能导入、导出工业机器人程序、配置文件；

18. 能使用示教器创建程序、对程序进行复制、重命名操作，对程序内容进行编辑（复制、粘贴等）；

19. 能运用基本运动指令，规划、编制应用程序；

20. 能手动强制输入输出信号、设定原点位置数据、修改运动参数；

21. 能通过外部启动自动运行工业机器人程序；

22. 能够根据工作任务要求，编制工业机器人与 PLC 等外部控制系统的应用程序；

23. 能编制工业机器人拓展应用程序，控制传感器、变频器、步进电机、伺服电动机完成典型工作任务，优化工艺流程。

六、课程内容与要求

本课程坚持立德树人的根本要求,结合职业院校学生学习特点,遵循职业教育人才培养规律,落实课程思政要求,有机融入思想政治教育内容,紧密联系工作实际,突出应用性和实践性,注重学生职业能力和可持续发展能力的培养,结合中高本衔接培养需要,以调研形成的"工业机器人技术应用专业工作任务与职业能力分析表"和"工业机器人技术应用专业课程设置与职业能力对应表"为基础,根据工业机器人技术应用专业教学标准中本课程的内容与要求说明,合理设计如下学习单元(模块)和教学活动,并在知识和能力等方面达到相应要求。

序号	项目	职业能力	知识、能力要求	建议学时
1	项目一 工业机器人应用技术须知	1. 能设定运行速度; 2. 能设定语言、系统时间、用户权限等环境参数; 3. 能合理选择世界坐标、基坐标、用户(工件)坐标、工具坐标; 4. 能正确启动、停止工业机器人,安全操作工业机器人; 5. 能根据工况操作工业机器人紧急停止; 6. 能合理对工业机器人进行单轴、线性、重定位操作; 7. 能根据用户需求配置示教盒预定义键	一、知识要求 1. 了解工业机器人应用编程人员常用安全护具; 2. 认识工业机器人的基本组成; 3. 认识工业机器人示教盒的结构及功能; 4. 了解工业机器人示教盒基本环境参数; 5. 掌握工业机器人关节坐标系、大地坐标系和工具坐标系基本概况 二、能力要求 1. 能够使用示教盒设定运行速度; 2. 能够根据操作手册设定语言界面、系统时间、用户权限等环境参数; 3. 能够选择和调用世界坐标、基坐标、用户(工件)、工具等坐标系; 4. 能够根据安全规程,正确启动、停止工业机器人,安全操作工业机器人; 5. 能够及时判断外部危险情况,操作紧急停止按钮等安全装置; 6. 能够根据工作任务要求,使用示教盒对工业机器人进行单轴、线性、重定位等手动操作	12
2	项目二 工业机器人绘图操作与编程	1. 能熟练操作工业机器人进行单轴移动; 2. 能根据绘图任务进行工业机器人路径、运动规划; 3. 能够新建、编辑、加载程序; 4. 能够熟练应用相关运动指令、完成绘图程序的示教并调试运行	一、知识要求 1. 认识工具快换装置和绘图笔工具; 2. 掌握预定义键的功能和使用方法; 3. 认识程序编辑界面和程序结构; 4. 掌握常用工业机器人运动指令和参数; 5. 掌握系统备份与恢复的方法; 6. 掌握程序导出与加载的方法 二、能力要求 1. 能够准确搭建工业机器人绘图工作站; 2. 能够正确选择和加载工业机器人程序; 3. 能够正确选择和使用绘图笔等末端操作器;	12

续 表

序号	项目	职业能力	知识、能力要求	建议学时
			4. 能够根据运行结果,调整位置、姿态、速度等工业机器人程序参数; 5. 能够根据用户要求,备份和恢复工业机器人系统程序、参数等数据; 6. 能够使用直线、圆弧、关节等运行指令编程	
3	项目三 工业机器人搬运应用编程	1. 能对工业机器人搬运作业环境进行规划和整理; 2. 能合理选择末端执行器(如:吸盘工具); 3. 能使用示教器设置传感器、电磁阀等 I/O 参数; 4. 能根据工艺流程调整要求及程序运行结果,对工业机器人搬运应用程序进行调整	一、知识要求 1. 了解工业机器人搬运的特点; 2. 掌握工业机器人搬运应用的流程; 3. 掌握等待指令的功能及使用方法; 4. 掌握位置偏移指令的功能及使用方法; 5. 掌握工业机器人搬运程序的编写方法 二、能力要求 1. 能够正确选择和使用吸盘工具; 2. 能够运用工业机器人 I/O 信号设置电磁阀 I/O 参数; 3. 能够编制工业机器人搬运应用程序; 4. 能够根据工艺流程调整要求及程序运行结果,优化工业机器人搬运应用程序	24
4	项目四 工业机器人装配应用编程	1. 能对工业机器人装配作业环境进行规划和整理; 2. 能合理选择末端执行器(如:夹爪工具); 3. 会使用标准的流程图符号表达程序逻辑; 4. 能根据工艺流程调整要求及程序运行结果,对工业机器人装配应用程序进行调整	一、知识要求 1. 了解工业机器人装配工艺的特点; 2. 掌握工业机器人装配的流程; 3. 掌握模块化结构的程序思维; 4. 在试运行的基础上能调试机器人在全速运行下正常工作; 5. 掌握工业机器人装配模块化程序的编写方法 二、能力要求 1. 能够正确选择和使用夹爪工具; 2. 会使用标准的流程图符号表达程序逻辑; 3. 能够编制工业机器人装配应用程序; 4. 能够根据工艺流程调整要求及程序运行结果,优化工业机器人装配应用程序	24
5	项目五 工业机器人涂胶应用编程	1. 能对工业机器人涂胶作业环境进行规划和整理; 2. 能合理选择末端执行器(如:涂胶笔); 3. 会利用参数调整实现节拍控制和监控; 4. 能根据工艺流程调整要求及程序运行结果	一、知识要求 1. 了解工业机器人涂胶的特点; 2. 掌握工业机器人涂胶应用的流程; 3. 掌握外部工具测量坐标,并用于定点示教; 4. 掌握指令参数调整的功能及使用方法; 5. 掌握时钟计数指令实现节拍监控的功能及使用方法 二、能力要求 1. 能够正确选择和使用涂胶笔; 2. 能够编制带有监控节拍功能的涂胶程序; 3. 能够根据工艺流程调整要求及程序运行结果,优化工业机器人涂胶应用程序; 4. 能根据工艺要求规划机器人多任务工作路径	24

续 表

序号	项目	职业能力	知识、能力要求	建议学时
6	项目六 工业机器人码垛应用编程	1. 能对工业机器人码垛作业环境进行规划和整理； 2. 能合理选择末端执行器（如多功能复合夹具）； 3. 能根据工艺流程调整要求及程序运行结果，运用逻辑指令对工业机器人码垛应用程序进行优化	一、知识要求 1. 了解码垛的基本定义及类型； 2. 掌握循环指令功能及使用方法； 3. 掌握选择指令功能及使用方法； 4. 掌握逻辑判断指令功能及使用方法； 5. 掌握计时指令功能及使用方法； 6. 掌握无条件跳转指令功能及使用方法 二、能力要求 1. 能够根据工作任务要求设计码垛程序流程； 2. 能够正确运用表达式进行程序编辑； 3. 能够使用计时指令计算程序时长； 4. 能够编写并调试重叠式码垛、纵横式码垛和旋转交错式码垛程序； 5. 能够根据工作任务要求，调试、优化码垛工艺	24
7	※项目七 工业机器人焊接应用编程	1. 能对工业机器人焊接作业环境进行规划； 2. 能合理调整位置、姿态、速度等程序参数； 3. 能合理加载工业机器人焊接应用程序； 4. 能合理选择末端执行器（焊枪）； 5. 能使用四点法、六点法等方法标定工具（焊枪）坐标； 6. 能自动运行工业机器人焊接程序	一、知识要求 1. 了解焊接的定义和分类； 2. 了解焊接工业机器人和焊枪工具； 3. 掌握工业机器人程序结构； 4. 熟悉工业机器人基本指令功能及使用方法 二、能力要求 1. 能合理调整焊接的位置、姿态、速度等程序参数； 2. 能合理选择末端执行器（焊枪）； 3. 能编写和加载工业机器人焊接应用程序； 4. 能够正确验证新建的工具数据； 5. 能够通过外部启动自动运行工业机器人程序	※16
8	※项目八 工业机器人拓展应用编程	1. 能对工业机器人复杂作业环境进行规划； 2. 能合理选用末端执行器； 3. 能根据工作任务要求，编制工业机器人与PLC等外部控制系统实现的拓展应用程序； 4. 能综合PLC、传感器、变频器、步进电机、伺服电动机等期间进行整体操作与调试； 5. 能根据工艺流程调整要求及程序运行结果，对工业机器人拓展应用程序进行优化	一、知识要求 1. 了解传感器控制原理及调试方法； 2. 了解变频器控制原理及调试方法； 3. 了解步进电机控制原理及调试方法； 4. 了解伺服电机控制原理及调试方法； 5. 掌握工业机器人拓展应用工艺和流程 二、能力要求 1. 能够根据拓展应用工艺流程，搭建工业机器人拓展应用程序框架； 2. 能够编制PLC程序，利用传感器、变频器、控制步进电机、伺服电动机完成典型工业机器人拓展的外围工作任务； 3. 能够根据工艺要求，调试工业机器人与PLC拓展应用程序； 4. 能够根据工作任务要求优化工业机器人拓展应用工艺流程	※16

七、课程实施

(一) 教学要求

将思想政治理论教育融入教学,采用项目教学、案例教学、情境教学、模块化教学等教学方式,运用启发式、探究式、讨论式、参与式等教学方法,推动课堂教学改革。使用翻转课堂、混合式教学、理实一体教学等教学模式,加强大数据、人工智能、虚拟现实等现代信息技术在教育教学中的应用。

结合学校现有实训平台数量和班级学生人数,实施分组教学(建议每组不超过4人),教学过程中应对小组数量、组员构成及对应的实训平台编号及时公开,保证教学有序开展。根据教学内容及特点,选用或自编活页式教材、学习手册等教学资料,灵活设计理实一体化教学环节,并通过多元的教学形式,激发学生的学习热情,充分调动学生自学意识和团队协作意识,确保设备利用最大化、小组构成最优化、实训时间自由化、学习效果最佳化、技能达标全员化。

(二) 学业水平评价

根据培养目标和培养规格要求,采用多元评价方式,加强过程性评价、实践技能评价,强化实践性教学环节的全过程管理与考核评价,结合教学诊断和质量监控要求,完善学生学习过程监测、评价与反馈机制,引导学生自我管理、主动学习,提高学习效率,改善学习效果。

(三) 教材选用及教学资源开发与使用

按国家和地方教育行政部门规定的程序与办法选用教材。选用体现新技术、新工艺、新规范等内容的高质量教材。教材使用中充分体现任务引领、实践导向的教学形式,引入典型生产案例。合理开发和使用音视频资源、教学课件、虚拟仿真软件、网络课程等信息化教学资源库,满足教学需求,提升学习效果。

按工业机器人操作规范及标准完成操作编程

工业机器人现场操作与编程

4. 能识读工业机器人应用系统的安全标志
3. 理解工业机器人的安全操作规范
2. 理解工业机器人工作原理及组成
1. 了解工业机器人的定义、概念及发展

应用技术须知

4. 掌握程序文件的加载、编辑、运行
3. 掌握机器人运动指令的功能与用法
2. 理解工业机器人的坐标系的意义
1. 熟悉示教器操作界面功能及操作

1. 会区分工业机器人的种类
2. 能描述工业机器人的机械结构及系统组成
3. 能识别工业机器人的主要技术参数
4. 会进行系统的安全防护点检

平面切割应用

4. 熟悉传感器、光栅等安全元件的型号和安装
3. 掌握机器人I/O、wait、if、select指令的功能及用法
2. 理解工业机器人控制逻辑的设计流程
1. 了解工业机器人末端执行器的类型及功能

1. 能手动操作机器人回home点
2. 会用机器人运动指令、示教编写平面切削程序
3. 能单步、连续调试机器人平面切削程序
4. 能结合工艺配置I/O信号，现场操作机器人平面切割工作站

搬运应用

4. 熟悉多机协同工作时的I/O规划及配置
3. 掌握寄存器指令等方法的功能及用法
2. 理解工业机器人搬运控制逻辑的设计流程
1. 了解工业机器人搬运的意义

1. 能遵循安全、经济原则合理配置、布局搬运站
2. 根据工艺要求设计搬运程序控制逻辑
3. 利用机器人搬运程序等指令现场编写搬运程序
4. 能根据现场运行稳定、安全的要求优化搬运程序
5. 能调试多机器人协同进行优先排序

装配应用

4. 熟悉多机协同工作时的I/O规划及配置，状态记录的方法
3. 掌握程序监控、保护等方法的功能及用法
2. 理解工业机器人装配控制逻辑的设计流程
1. 熟悉装配控制逻辑的设计方法和步骤

1. 能根据产品装配工艺测绘安装尺寸图
2. 根据装配要求设计装配程序控制逻辑
3. 利用机器人装配程序、寄存器等指令现场编写装配程序
4. 能现场操作机器人运行自动装配程序
5. 能调试多机器人协同动作的装配程序

涂胶应用

4. 熟悉指令参数的设置与调整、节拍优化、状态记录的方法
3. 掌握程序监控、保护等方法的功能及用法
2. 理解用户坐标、工具坐标系对程序编写的影响
1. 了解涂胶系统的关键参数的意义和作用

1. 能够根据工艺要求调节涂胶参数的参数
2. 根据涂胶要求设计涂胶程序控制逻辑
3. 能编写程序、识读、排除报警信息
4. 能设置用户密码、写保护，系统时间设定等保护功能
5. 能用用户坐标、外部工具坐标编写并调试车窗涂胶程序

码垛应用

4. 熟悉码垛专用指令与常用指令的参数设置、堆叠方式
3. 掌握select-else、宏指令的用法
2. 理解码垛的算法规划
1. 了解气动控制回路的设计和路径计算及吸盘夹具的选配

1. 能根据码垛等形环境布局码垛站
2. 根据码垛形状要求设计码垛工艺逻辑
3. 能够利用码垛工艺包逐步编写码垛程序
4. 能组合多种码形灵活调用的化码垛程序包

"工业机器人现场操作与编程"课程内容结构

图书在版编目(CIP)数据

工业机器人现场操作与编程案例教程：FANUC/左湘,李志谦,熊哲立主编. —上海：复旦大学出版社，2020.8
职业教育校企双元育人教材系列
ISBN 978-7-309-15092-6

Ⅰ.①工… Ⅱ.①左… ②李… ③熊… Ⅲ.①工业机器人-程序设计-高等职业教育-教材
Ⅳ.①TP242.2

中国版本图书馆 CIP 数据核字(2020)第 096686 号

工业机器人现场操作与编程案例教程(FANUC)
左　湘　李志谦　熊哲立　主编
责任编辑/张志军

复旦大学出版社有限公司出版发行
上海市国权路 579 号　邮编：200433
网址：fupnet@ fudanpress.com　http://www.fudanpress.com
门市零售：86-21-65102580　　团体订购：86-21-65104505
外埠邮购：86-21-65642846　　出版部电话：86-21-65642845
上海四维数字图文有限公司

开本 787×1092　1/16　印张 16.25　字数 375 千
2020 年 8 月第 1 版第 1 次印刷

ISBN 978-7-309-15092-6/T·674
定价：49.00 元

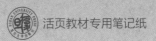

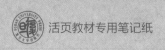

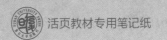

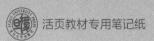

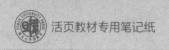

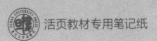

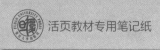

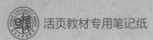

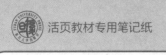

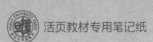

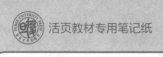